Rätselblätter Physik

2. Auflage 2022

Inhalt: Petra Pichlhöfer
Umschlagbild: © art_of_sun - AdobeStock.com
Redaktion, Grafik & Satz: Kohl-Verlag
Druck: farbo prepress GmbH, Köln

Bestell-Nr. 12 290

D1722458

ISBN: 978-3-96040-383-8

Bildquellennachweis (alle © AdobeStock.com):

Seite 4: © Strichfiguren.de (3x) ; **Seite 5**: © Strichfiguren.de, GiZGRAPHICS; **Seite 6**: © Strichfiguren.de (2x); **Seite 7**: © Strichfiguren.de (2x); **Seite 8**: © Strichfiguren.de (4x); **Seite 9**: © Trueffelpix (2x); **Seite 10**: © Strichfiguren.de, Nikolai Titov; **Seite 11**: © Strichfiguren.de (2x), supanut; **Seite 12**: © Strichfiguren.de; **Seite 13**: © Strichfiguren.de (2x); **Seite 14**: © Strichfiguren.de (3x); **Seite 15**: © Strichfiguren.de (2x); **Seite 16**: © Strichfiguren.de (2x) **Seite 17**: © Strichfiguren.de (3x); **Seite 18**: © GiZGRAPHICS (2), © mejn; **Seite 19**: © Strichfiguren.de (5x); **Seite 20**: © Strichfiguren.de (3x); **Seite 21**: © Strichfiguren.de, snyGGG; **Seite 22**: © Strichfiguren.de (4x), IK-Design; **Seite 23**: © Strichfiguren.de (2x); **Seite 24**: © Strichfiguren.de (2x), diamondtetra; **Seite 25**: © Strichfiguren.de (3x); **Seite 26**: © Strichfiguren.de, WoGi; **Seite 27**: © Strichfiguren.de, Miceking, Style-o-Mat (4x), Otmar Grissemann; **Seite 28**: © LiluyDesign **Seite 29**: © Gstudio Group, Trueffelpix, hchjgl, 2dmolier, ValentinValkov, Miceking, Zdenk (6x), pandavector, fersus art, lamnee, Igor Zakowski, studioworkstock (3x); **Seite 30**: Strichfiguren.de (2x); **Seite 31**: © Strichfiguren.de (4x); **Seite 32**: © by-Studio, © Strichfiguren.de; **Seite 33**: © Strichfiguren.de, GiZGRAPHICS (3x); **Seite 34**: © Strichfiguren.de (2x), GiZGRAPHICS (2x); **Seite 35**: © Strichfiguren.de; **Seite 36**: © Strichfiguren.de; **Seite 37**: © Strichfiguren.de, GiZGRAPHICS, pushinka11, prostoira777, Vector Tradition, Igarts, alina_polina, jan stopka, endstern, Artenauta, Lorelyn Medina; **Seite 38**: © Strichfiguren.de (3x); **Seite 39**: © Strichfiguren.de, © sveta; **Seite 40**: © Strichfiguren.de (2x); **Seite 41**: © Strichfiguren.de, Torbz, laudiseno; **Seite 42**: © Strichfiguren.de, cmeree; **Seite 43**: © Strichfiguren.de, lovemask, jeksonjs; **Seite 44**: © Strichfiguren.de; **Seite 45**: © Strichfiguren.de, Matthias Enter; **Seite 46**: siehe S. 4-7; **Seite 47**: siehe S. 8-11; **Seite 48**: siehe S. 12-15; **Seite 49**: siehe S. 16-19; **Seite 50**: siehe 20-23; **Seite 51**: siehe S. 24-27; **Seite 52**: siehe S. 28-31; **Seite 53**: siehe S. 32-35; **Seite 54**: siehe S. 36-39; **Seite 55**: siehe S. 40-43; **Seite 56**: siehe S. 44-45

Inhalt

Seite

Der Schwierigkeitsgrad der einzelnen Rätsel ist an den Symbolen erkennbar:

 **grundlegendes Niveau**  **mittleres Niveau** ★ **Expertenniveau**

Hinweis: Die Rätsel 1, 9, 11, 16, 17, 24, 32, 34, 36, 39, 41 und 42 sind ohne Vorkenntnisse lösbar.

Rätselblätter Physik
Kopiervorlagen für die Sekundarstufe – Bestell-Nr. 12 290
KOHL VERLAG

Inhalt

Vorwort

Neben Versuchen und mathematischen Berechnungen kommen die **Wiederholung und Vertiefung** der physikalischen Fachbegriffe sowie die Einordnung der jeweiligen Spezialgebiete in einen größeren naturwissenschaftlichen Zusammenhang oft zu kurz. Mit **Kreuzworträtseln, Geheimschriften und Suchseln** schafft die vorliegende Broschüre hier Abhilfe.

Alle wichtigen Themen des Physikunterrichts der 5.-10. Jahrgangsstufe werden erarbeitet und wiederholt. Mithilfe des ausführlichen Lösungsteils können die Schülerinnen und Schüler ihren Wissensstand selbstständig überprüfen. Rätsellücken fordern geradezu auf nachzuschlagen und zu forschen, ob allein oder im Team, beides ist möglich. Schnell wird ersichtlich, wo noch Lücken sind.

Diese Rätselsammlung ist hervorragend geeignet für Vertretungsstunden oder als Hausaufgabe.

Viel Freude und Erfolg beim Einsatz dieser Rätselsammlung wünschen Ihnen das Team des Kohl-Verlages und

Petra Pichlhöfer

Rätselblätter Physik
Kopiervorlagen für die Sekundarstufe – Bestell-Nr. 12 290

1 Die Physik und ihre Teilgebiete

Die Physik ist wie Chemie, Biologie, Geographie, Astronomie usw. eine Naturwissenschaft. Sie untersucht vor allem durch experimentelle Erforschung und messende Erfassung die Naturgesetze.

Ä = AE
Ü = UE

Man unterscheidet verschiedene Teilgebiete der Physik.

Aufgabe: *Entziffere die Geheimschrift, dann weißt du wie sie heißen.*

	Lehre vom Licht	**O . . .**
	Lehre vom Schall	**A . . .**
	Lehre von den Bewegungen der Körper und dem Einfluss äußerer Kräfte	
	Lehre vom Verhalten physikalischer Systeme bei Temperaturänderung	
	Lehre von den magnetischen Erscheinungen	
	Lehre von den Erscheinungen, die von elektrischen Ladungen und Strömen hervorgerufen werden	
	Lehre von der Atomhülle und der in ihr ablaufenden Vorgänge	

Zu schwierig? Hier ein paar Lösungshilfen.

A: 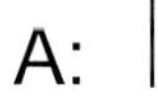
B: 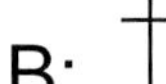
C:
D:
E:
F:
G:
H:

Für die Vokale A, E, I, O, U stehen die senkrechten Striche.

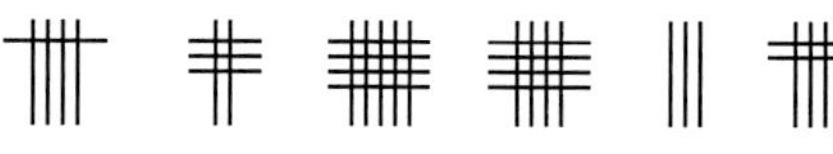

2 Physikalische Namensgeber

Hier findest du berühmte Physiker, deren Namen zu Maßeinheiten wurden.

Aufgabe: *Verbinde jeden Namensgeber und die nach ihm benannte Einheit mit der dazugehörigen physikalischen Größe durch einen geraden Strich. Nimm ein Lexikon zu Hilfe.*

Alle Buchstaben, die **nicht** auf Verbindungslinien liegen, ergeben von oben nach unten gelesen das Lösungswort.

____

Namensgeber		Physikalische Größe
André Marie Ampère **Ampere (A)** •	E	• **elektrische Kapazität (C)**
Antoine Henri Becquerel **Becquerel (Bq)** •	R	• **Frequenz (f)**
Charles Augustin de Coulomb **Coulomb (C)** •	X Z	• **Aktivität** (einer radioaktiven Substanz) **(A)**
Anders Celsius **Grad Celsius (°C)** •	O P	• **Temperatur (T)**
Michael Faraday **Farad (F)** •		• **elektrische Stromstärke (I)**
Joseph Henry **Henry (H)** •	W E	• **elektrischer Widerstand (R)**
Heinrich Hertz **Hertz (Hz)** •	K R	• **elektrische Ladung (Q)**
James Prescott Joule **Joule (J)** •	I	• **Induktivität (L)**
Sir Isaac Newton **Newton (N)** •	A M	• **Kraft (F)**
Georg Simon Ohm **Ohm (Ω)** •	E B	• **Leistung (P)**
Blaise Pascal **Pascal (Pa)** •	I	• **Arbeit (W)**
Alessandro Volta **Volt (V)** •	N	• **Druck (p)**
James Watt **Watt (W)** •	T E	• **elektrische Spannung (U)**

Rätselblätter Physik
Kopiervorlagen für die Sekundarstufe – Bestell-Nr. 12 290
KOHL VERLAG

3 Bedeutende Erfindungen

Aufgabe: *Welche herausragenden Erfindungen sind den folgenden Männern zuzuschreiben?*

a) Thomas Alva Edison
b) Die Brüder Wright
c) Benjamin Franklin
d) George Stephenson
e) Viktor Kaplan
f) Josef Ressel
g) Die Brüder Montgolfier
h) Carl Benz
i) Rudolf Diesel
j) Graham Bell
k) Antoine Joseph Sax
l) Alfred Nobel
m) Galileo Galilei
n) John Dunlop
o) Samuel Morse

Das **Lösungswort** ergibt sich aus den grau unterlegten Buchstaben.

1	2	3	4	5	6	7	8	9

Rätselblätter Physik
Kopiervorlagen für die Sekundarstufe – Bestell-Nr. 12 290

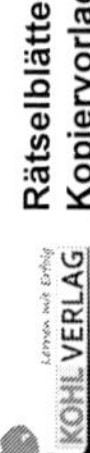

4 Maßeinheiten

!

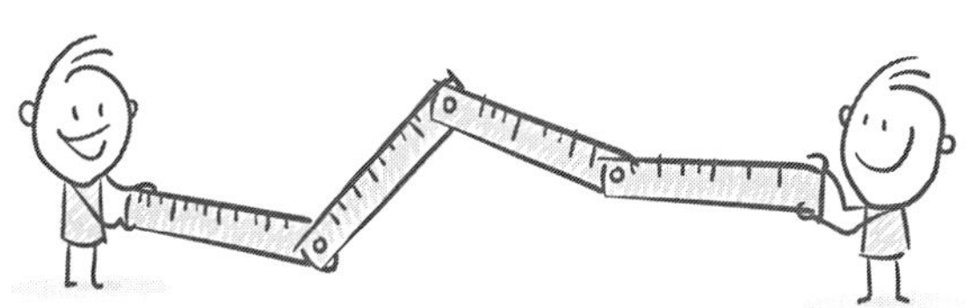

Aufgabe: **a)** *Kreuze an, was als Einziges in Frage kommt.*

	Einheit	Meßgerät
Länge	0 Zentimeter **1** 0 Kelvin **2** 0 Milligramm **3**	0 Thermometer **4** 0 Lineal **5** 0 Wasserwaage **6**
Fläche	0 Kilogramm **7** 0 Kilometer pro Stunde **8** 0 Quadratmeter **9**	0 Zollstock und Berechnung **10** 0 Uhr **11** 0 Amperemeter **12**
Volumen	0 Liter **13** 0 Sekunde **14** 0 Gramm **15**	0 Tachometer 16 0 Schieblehre **17** 0 Messzylinder **18**
Dichte	0 Meter pro Sekunde **19** 0 Kilometer pro Stunde **20** 0 Gramm pro cm³ **21**	0 Balkenwaage **22** 0 Aräometer **23** 0 Barometer **24**
Kraft	0 Jahr **25** 0 Newton **26** 0 Millimeter **27**	0 Voltmeter **28** 0 Fieberthermometer **29** 0 Federkraftmesser **30**
Zeit	0 Sekunden **31** 0 Knoten **32** 0 Zentimeter **33**	0 Waage **34** 0 Uhr **35** 0 Lineal **36**
Masse	0 Bar **37** 0 Kubikmeter **38** 0 Kilogramm **39**	0 Messzylinder **40** 0 Balkenwaage **41** 0 Kompass **42**
Druck	0 Bar **43** 0 Dioptrie **44** 0 Ampere **45**	0 Geiger-Müller-Zählrohr **46** 0 Barometer **47** 0 Geodreieck **48**
Temperatur	0 Gramm **49** 0 Grad Celsius **50** 0 Dezimeter **51**	0 Thermometer **52** 0 Tachometer **53** 0 Waage **54**
Spannung	0 Ohm **55** 0 Volt **56** 0 Becquerel **57**	0 Amperemeter **58** 0 Voltmeter **59** 0 Messzylinder **60**
Stromstärke	0 Fahrenheit **61** 0 Watt **62** 0 Ampere **63**	0 Federkraftmesser **64** 0 Manometer **65** 0 Amperemeter **66**
Geschwindigkeit	0 Kilometer pro Stunde **67** 0 Joule **68** 0 Gramm pro Kubikzentimeter **69**	0 Uhr **70** 0 Tachometer **71** 0 Briefwaage **72**

b) *Verbinde die erhaltenen Lösungsnummern.*

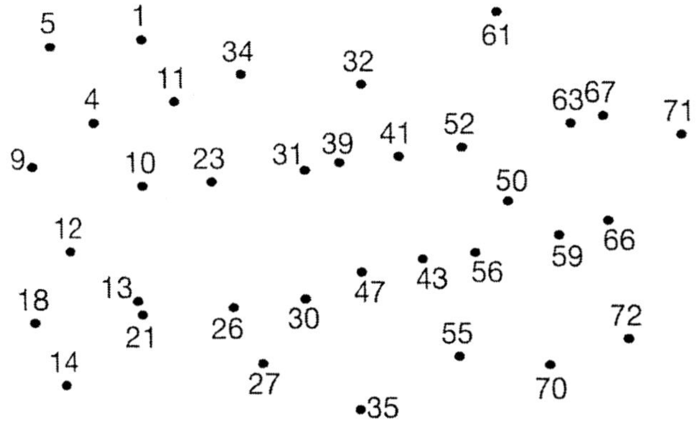

KOHL VERLAG
Rätselblätter Physik
Kopiervorlagen für die Sekundarstufe – Bestell-Nr. 12 290

5 Manches hält . . .

1) Diesen Magneten kann man ein- und ausschalten.
2) Durch sie wird Magnetismus zerstört.
3) Diese Magnetform erinnert an den Fuß vom Pferd.
4) natürlicher Magnet
5) ferromagnetischer Stoff (lat. Bezeichnung *Ferrum*)
6) Der nach Süden weisende Pol eines drehbar gelagerten Magneten heißt . . .
7) Dieses Gerät mit Magnetnadel hilft dir bei der Orientierung.
8) Mit ihnen kann man die magnetischen Kraftlinien sichtbar machen.
9) In magnetischem Stahl sind die Elementarmagnete . . .
10) ein weiterer ferromagnetischer Stoff (Ni)
11) Stellen der stärksten Anziehungskraft bei einem Magneten.
12) . . . Pole ziehen einander an.
13) Und das ist der dritte ferromagnetische Stoff.
14) Rund um einen Magneten wirkt das . . .
15) Sie ist ein riesiger aber schwacher Magnet.

								↓									
	1				K												
							2				Z						
3			F														
			4							I							
					5		I			N							
						6					P						
				7													
	8													E			
				9													
				10			C										
					11												
			12										A				
					13												
			14							F							
						15											

Ä = AE
Ü = UE

Lösungswort: ____________________

KOHL VERLAG Rätselblätter Physik – Kopiervorlagen für die Sekundarstufe – Bestell-Nr. 12 290

6 Chaos am Kompass

!

Bei Wanderungen hilft ein Kompass, sich zu orientieren. Die Magnetnadel dreht sich immer in Nord-Süd-Richtug. Auf der Windrose sind die Himmelsrichtungen gekennzeichnet.

Auch Kolumbus nahm bei seinen Entdeckungsfahrten schon den Kompass zu Hilfe. Mit dieser Windrose hätte er allerdings keine Freude gehabt.

Aufgabe: *Schneide die einzelnen Teile an der gestrichelten Linie aus und lege sie richtig zusammen.*

hoch hinauf. Im | Osten geht die | Norden ist sie | Westen | nie zu sehn. Im | wird sie | Süden steigt sie | Sonne auf, im | untergehn, im

S | MSS | NO | ONO | NW | WNN | SW | N | ONN | WSW | SO | OSS | O | OSO | W | WNW

Rätselblätter Physik
Kopiervorlagen für die Sekundarstufe – Bestell-Nr. 12 290
KOHL VERLAG

7 Grrr... – Die *elektrische* Klingel

★

So funktioniert die Klingel:
Durch Drücken des Klingelknopfs wird der Stromkreis geschlossen.
Strom fließt durch die Spule und magnetisiert ihren Eisenkern. Der so enstandene Elektromagnet zieht den Anker an, sodass der Klöppel auf die Glocke schlägt.
Gleichzeitig wird der Kontakt und damit der Stromkreis unterbrochen. Der Elektromagnet verliert seine Wirkung. Der Klöppel schwingt in seine Ausgangsposition zurück, dadurch schließt sich der Kontakt und es fließt wieder Strom.
Dieser Vorgang wiederholt sich so lange, bis der Klingelknopf losgelassen wird.

Aufgabe: **a)** *Wie heißen die Teile der Klingel?*

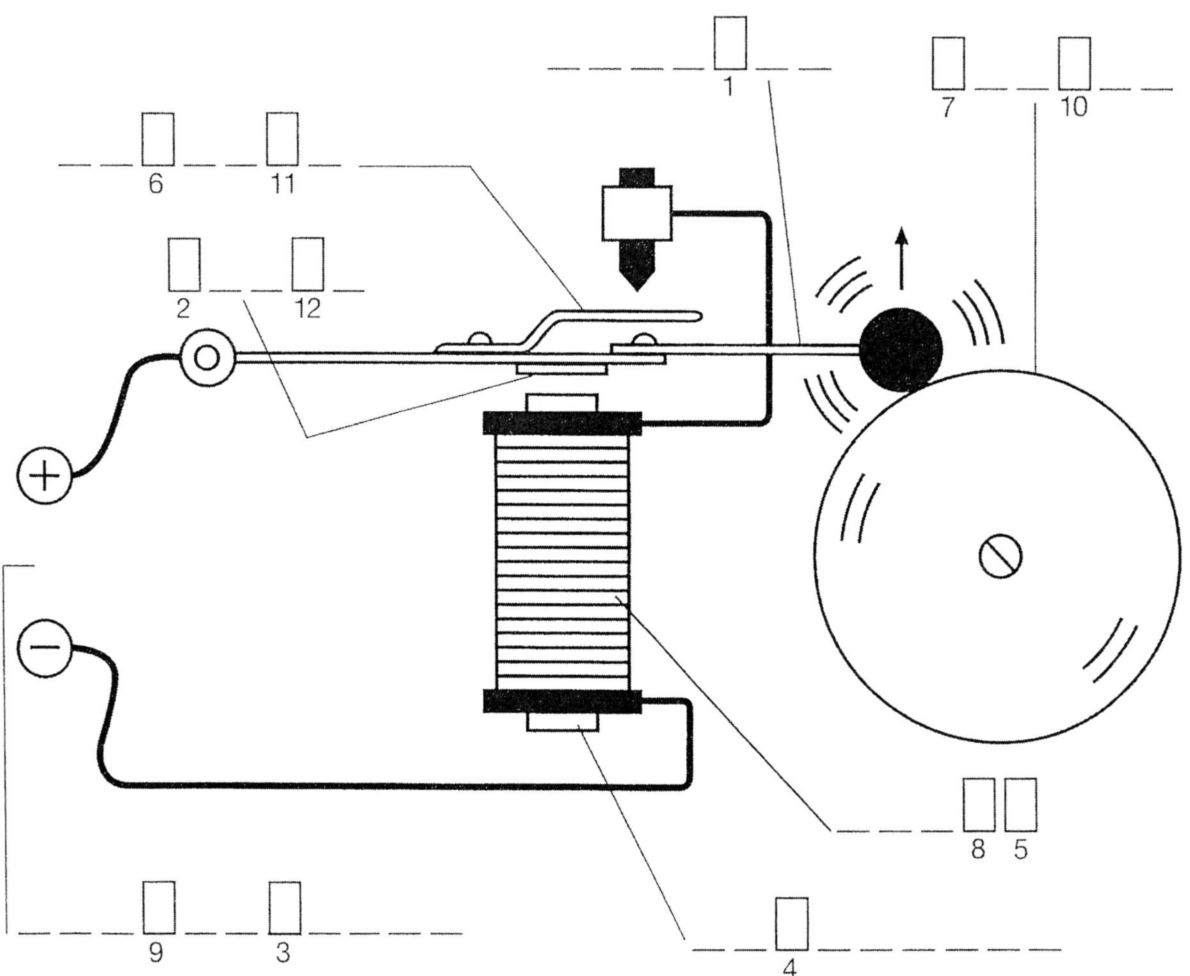

b) *Wessen Klang hörst du gern?*

_ _ _ _ _ _ _ _ _ _ _ _
1 2 3 4 5 6 7 8 9 10 11 12

8 Der *elektrische* Strom

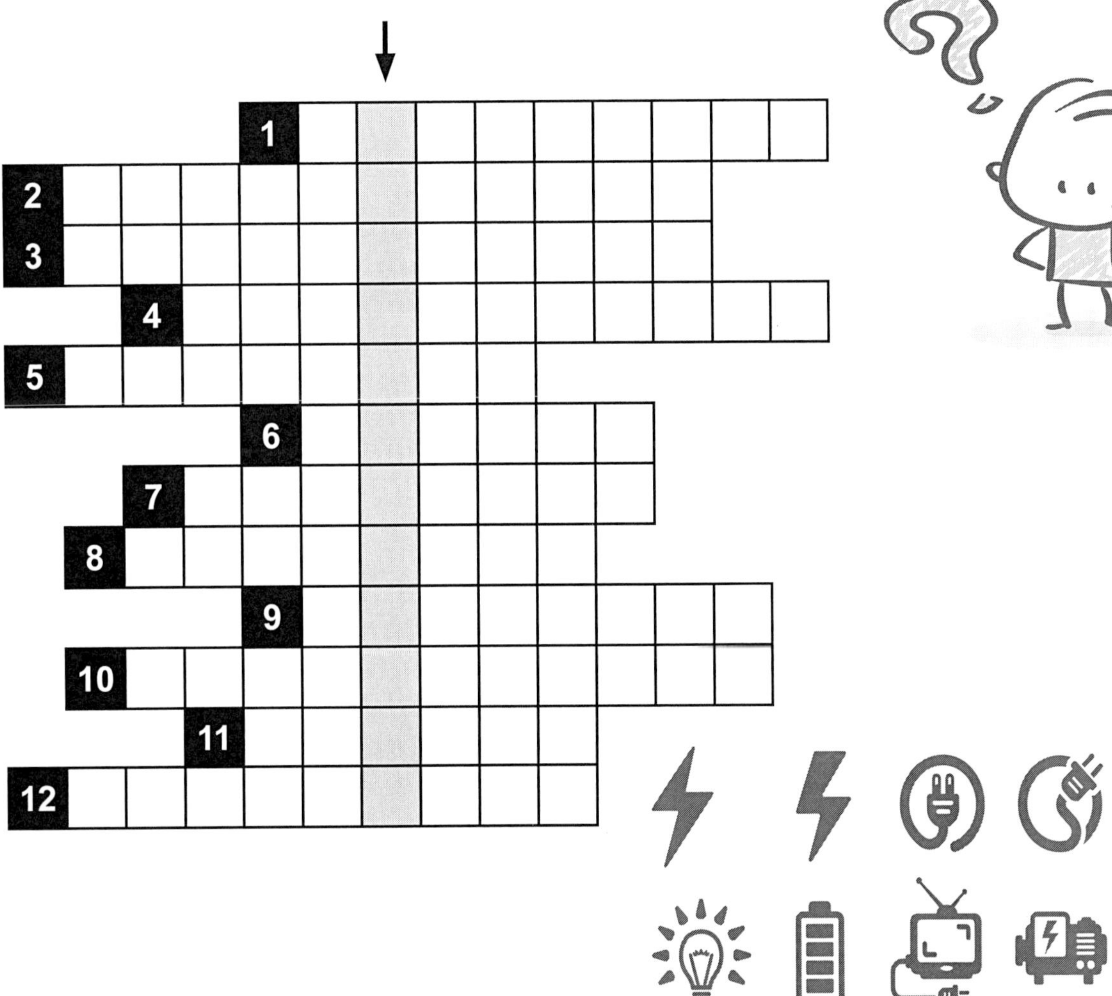

1) Aus ihr kommt Strom. Sie hat 230 V.
2) Bestandteil des Stromkreises, mit dem man den elektrischen Strom als Energiequelle nutzen kann.
3) I steht in Gleichungen für die .....
4) Strom kann nur dann fließen, wenn der Stromkreis ..... ist.
5) Kleiner Verbraucher, der bei einfachen Versuchen eingesetzt wird.
6) Stoff, der elektrischen Strom durchlässt.
7) Dafür steht das Symbol U.
8) Beabsichtigter Unterbrecher im Stromkreis.
9) Netzunabhängiger und nicht aufladbarer Stromlieferant.
10) Sie liefert im Stromkreis stets den elektrischen Strom.
11) Einheit für die Stromstärke.
12) Messgerät für die Spannung.

Lösungswort: ______________________

Rätselblätter Physik
Kopiervorlagen für die Sekundarstufe – Bestell-Nr. 12 290
KOHL VERLAG

9 *Elektrische* Geräte

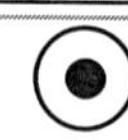

Ein Leben ohne die Vorteile der Elektrizität können wir uns heute kaum noch vorstellen. Mithilfe von elektrischen Geräten und Maschinen können viele Arbeiten schnell und leicht ausgeführt werden, die Menschen früher viel Mühe gekostet haben. Man denke nur an die zahlreichen Haushaltsgeräte, welche die Arbeit erleichtern.

Aufgabe:

Im Suchgitter sind 21 elektrische Geräte versteckt.  *Findest du sie alle?*

E	B	O	H	R	M	A	S	C	H	I	N	E	B	T	O	T	M
N	Ü	F	R	A	M	D	T	O	A	S	T	E	R	Ä	C	R	E
I	G	W	K	M	T	R	A	D	I	O	E	F	T	R	D	E	L
H	E	A	U	I	B	M	U	O	K	O	Z	D	E	E	P	N	K
C	L	S	T	X	V	G	B	Ö	G	K	A	E	L	G	L	N	M
S	E	I	F	E	R	N	S	E	H	E	R	T	E	X	A	A	A
A	I	Ü	G	R	J	L	A	B	N	M	F	R	F	A	Y	C	S
M	S	K	C	O	M	P	U	T	E	R	I	W	O	F	E	S	C
E	E	P	M	A	L	T	G	D	F	A	N	E	N	L	R	O	H
E	N	Z	G	V	I	D	E	O	R	E	K	O	R	D	E	R	I
F	R	Y	D	N	A	H	R	H	U	I	R	H	U	W	A	I	N
F	W	A	S	C	H	M	A	S	C	H	I	N	E	J	L	Ö	E
A	D	K	L	N	H	Ö	F	A	E	G	Ä	S	S	I	E	R	K
K	M	I	K	R	O	W	E	L	L	E	N	H	E	R	D	W	Q

KOHL VERLAG
Rätselblätter Physik
Kopiervorlagen für die Sekundarstufe – Bestell-Nr. 12 290

10 Der *elektrische* Widerstand

Der Begriff **elektrischer Widerstand** hat zwei Bedeutungen:

1. **physikalische Größe**, die angibt, wie stark der Stromfluss in einem Leiter behindert wird.
2. **Bauteil**, bei dem vorrangig diese physikalische Größe in Erscheinung tritt.

1) Dieses Metall hat einen sehr geringen Widerstand und wird daher für elektrische Leitungen eingesetzt.
2) Die Einheit des elektrischen Widerstands ist .....
3) Festwiderstände sind geformt wie ein .....
4) Der Widerstand beeinflusst die .....
5) Ein stetig regelbarer elektrischer Widerstand zum Abgreifen von Teilwiderständen heißt ......
6) Ein Fotowiderstand (LDR) ist ein Halbleiterbauelement, dessen elektrischer Widerstand ..... ist.
7) Ohmsches Gesetz: elektrischer Widerstand $= \dfrac{\text{elektrische ?}}{\text{elektrische Stromstärke}}$
8) Im Haushalt stellt jedes elektrische ..... einen Widerstand dar.
9) Bei Metallen wächst der Widerstand in der Regel mit steigender .....
10) Sie zeigen den Wert eines Festwiderstandes an.

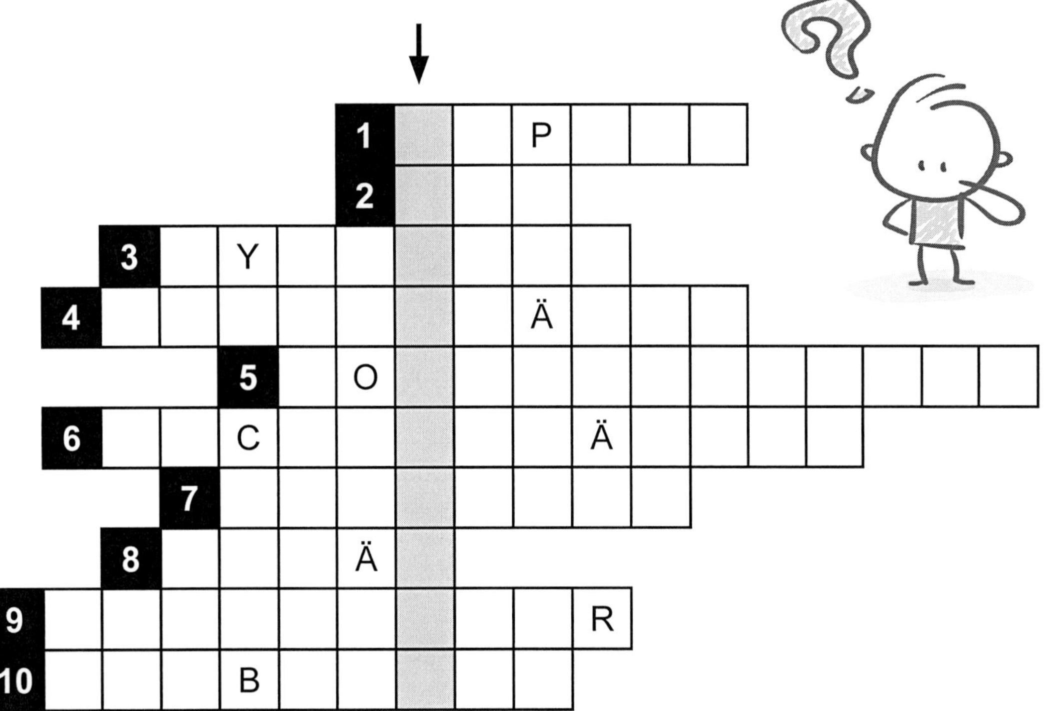

Als **Lösungswort** erhältst du ein Metall mit sehr großem Widerstand.

____

Rätselblätter Physik
Kopiervorlagen für die Sekundarstufe – Bestell-Nr. 12 290
KOHL VERLAG

11 Elektonik-Bastelgitter

Einige elektronische Bauelemente enthalten Stoffe wie Silicium oder Germanium, die eine Zwischenstellung zwischen elektrischen Leitern und Isolatoren einnehmen. Anders als bei metallischen Leitern verbessert sich ihre Leitfähigkeit mit zunehmender Temperatur.

Aufgabe: *Wie heißt die Technologie, die solche Bauelemente nutzt?*

Ä = AE
Ü = UE

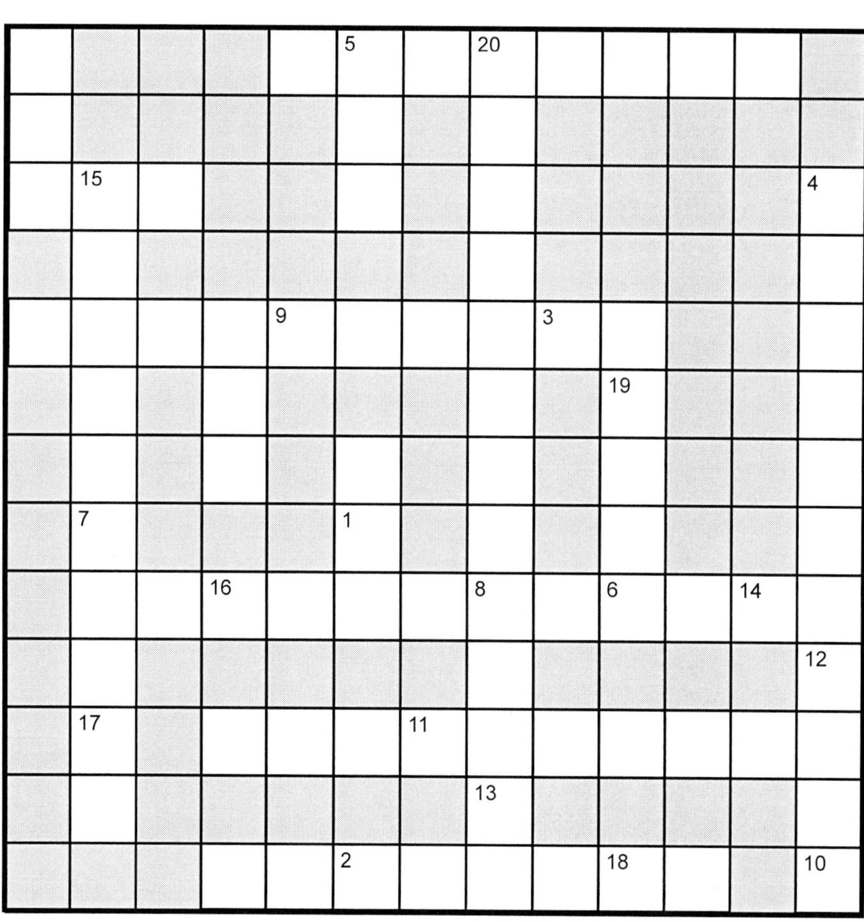

LDR • NTC • OHM • PNP • PTC • DIODE • ELEKTRON
SPANNUNG • MAGNETFELD • TRANSISTOR • WIDERSTAND
BRANDMELDER • STROMSTAERKE • KONDENSATOREN

Lösungswort:

_	_	_	_	_	_	_	_	_	_	_	_	_	_	_	_	_	_	_	_
1	2	3	4	5	6	7	8	9	10	11	12	13	14	15	16	17	18	19	20

Rätselblätter Physik – Bestell-Nr. 12 290
Kopiervorlagen für die Sekundarstufe
KOHL VERLAG

12 Rund um die Diode

Aufgabe: *Wenn du die richtigen Buchstaben einkreist, bekommst du Antwort auf die Scherzfrage.*

Warum summt die Biene?

Weil sie den ______________________________

	Ja	Nein
Die Diode ist ein häufig verwendetes elektronisches Bauelement.	T	H
Leuchtdioden leuchten nur, wenn es dunkel ist.	O	E
Das Gerät, mit dem man zeigen kann, dass eine Diode eine pulsierende Gleichspannung erzeugt, heißt Oszilloskop.	X	N
Auch unter dem Mikroskop ist die pulsierende Gleichspannung deutlich zu erkennen.	I	T
LED heißt leicht explosive Diode.	G	V
Eine Diode ist ein Polungsanzeiger, weil sie immer nach Norden zeigt.	B	E
In jedem Mobiltelefon befinden sich Dioden.	R	P
Silicium ist ein Halbleiter.	G	V
Das Element Silicium ist ein Edelgas und daher in der 8. Hauptgruppe zu finden.	O	E
Bei tiefen Temperaturen ist Silicium ein Nichtleiter, weil es dann keine freien Elektronen hat.	S	N
Einen Halbleiter mit Elektronenüberschuss nennt man p-Leiter.	T	S
Die Leitfähigkeit von Silicium kann sich durch Wärme, Lichtenergie oder Einbau von Fremdatomen erhöhen.	E	A
Durchlassrichtung + o——▷|——o -	N	L
Sperrrichtung + o——▷|——o -	X	H
Die Elektronen fließen vom positiven zum negativen Pol.	K	A
Eine Halbleiterdiode formt Wechselstrom in Gleichstrom um und wird daher Gleichrichter genannt.	T	D

Rätselblätter Physik
Kopiervorlagen für die Sekundarstufe – Bestell-Nr. 12 290
KOHL VERLAG

13 Elektronik-Rätsel

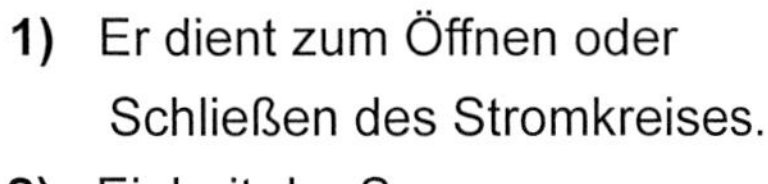

1) Er dient zum Öffnen oder Schließen des Stromkreises.
2) Einheit der Spannung.
3) Strom, der nur in eine Richtung fließt.
4) Schaltet man eine Diode in einen Wechselstromkreis, entsteht eine ... Gleichspannung.
5) Wie viele Anschlüsse hat ein Transistor (mindestens)?
6) Diode, die Licht aussendet (Abkürzung).
7) Die Diode wirkt wie ein ...
8) Einer der Anschlüsse eines Transistors.
9) Was gibt der letzte Farbring eines Widerstandes an?
10) Wird berechnet mit der Formel

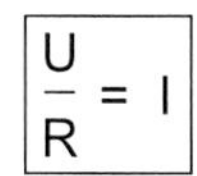

$\frac{U}{R} = I$

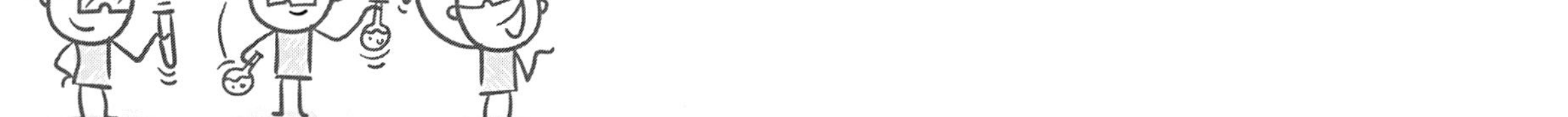

11) Stoff, der nur unter bestimmten Umständen den elektrischen Strom leitet (z. B. Silicium).
12) Bauteil, das die Stromstärke begrenzt und damit andere Bauteile vor Zerstörung schützt.
13) Gerät, das aus zwei gegeneinander geschalteten Dioden besteht und die anliegende Netzspannung schnell nachweisen kann.
14) Winzige Halbleiter-Pllättchen, auf denen Schaltkreise mit hunderten von elektronischen Bauelementen untergebracht sind.
15) Handliches elektronisches Gerät, das bei vielen schon in der Tasche piept.
16) Bauelement, das Ladungsenergie speichern kann.
17) Bunte ... geben den Widerstandswert an.
18) Gerät, mit dem man elektrische Schwingungen sichtbar machen kann.
19) Widerstand, der beim Erhitzen kleiner wird (Abkürzung).
20) Halbleiterbauelement, das aus zwei unterschiedlich dotierten Schichten besteht (siehe Beispiel) Si
21) Dieses Halbleiterbauelement findet als Schalter oder Verstärker Verwendung (pnp- oder npn-...).
22) regelbarer Widerstand.

Lösungswort: ____________________

Rätselblätter Physik
Kopiervorlagen für die Sekundarstufe – Bestell-Nr. 12 290
KOHL VERLAG

14 Der Hebel – ein einfaches Werkzeug

Schon sehr früh haben Menschen erkannt, dass sie sich mit Werkzeugen die Arbeit erleichtern können. Eines der einfachsten Werkzeuge ist der Hebel. Wir alle verwenden täglich die verschiedensten Hebel.

1) Einfachster Hebel.
2) Stelle eines Hebels, die bei seiner Verwendung in Ruhe bleibt.
3) Wenn man den längeren Hebelarm betätigt, erzielt man, "wirtschaftlich" gesehen, eine .....
4) Ein Hebel, bei dem alle Kräfte nur auf einer Seite des Drehpunkts wirken, ist .....
5) Einseitiger Hebel, dem du täglich die Hand reichst.
6) Hebel, die als Geräte auf jedem Spielplatz zu finden sind.
7) Kraft mal Kraftarm gleich Last mal .....
8) Eine leere Balkenwaage ist ein zweiseitiger Hebel im .....
9) Hebel wie Schraubenschlüssel und Zange gehören dazu.
10) Griechischer Physiker, der das Hebelgesetz entdeckte.
11) Zweiseitiger Hebel, mit dem man Papier schneiden kann.

								↓								
				1		T										
		2							N							
3		R												S		
				4												
				5		Ü										
		6			P											
			7				T									
			8									W				
				9					Z							
	10				H											
			11				E									

Lösungswort: ______________________________

KOHL VERLAG
Rätselblätter Physik
Kopiervorlagen für die Sekundarstufe – Bestell-Nr. 12 290

15 Rund ums Fahrrad

Fast überall auf der Welt fahren Menschen Fahrrad. Es gibt ungefähr doppelt so viele Fahrräder wie Autos.

Aufgabe: **a)** *Beschrifte die Teile des Fahrrades.*

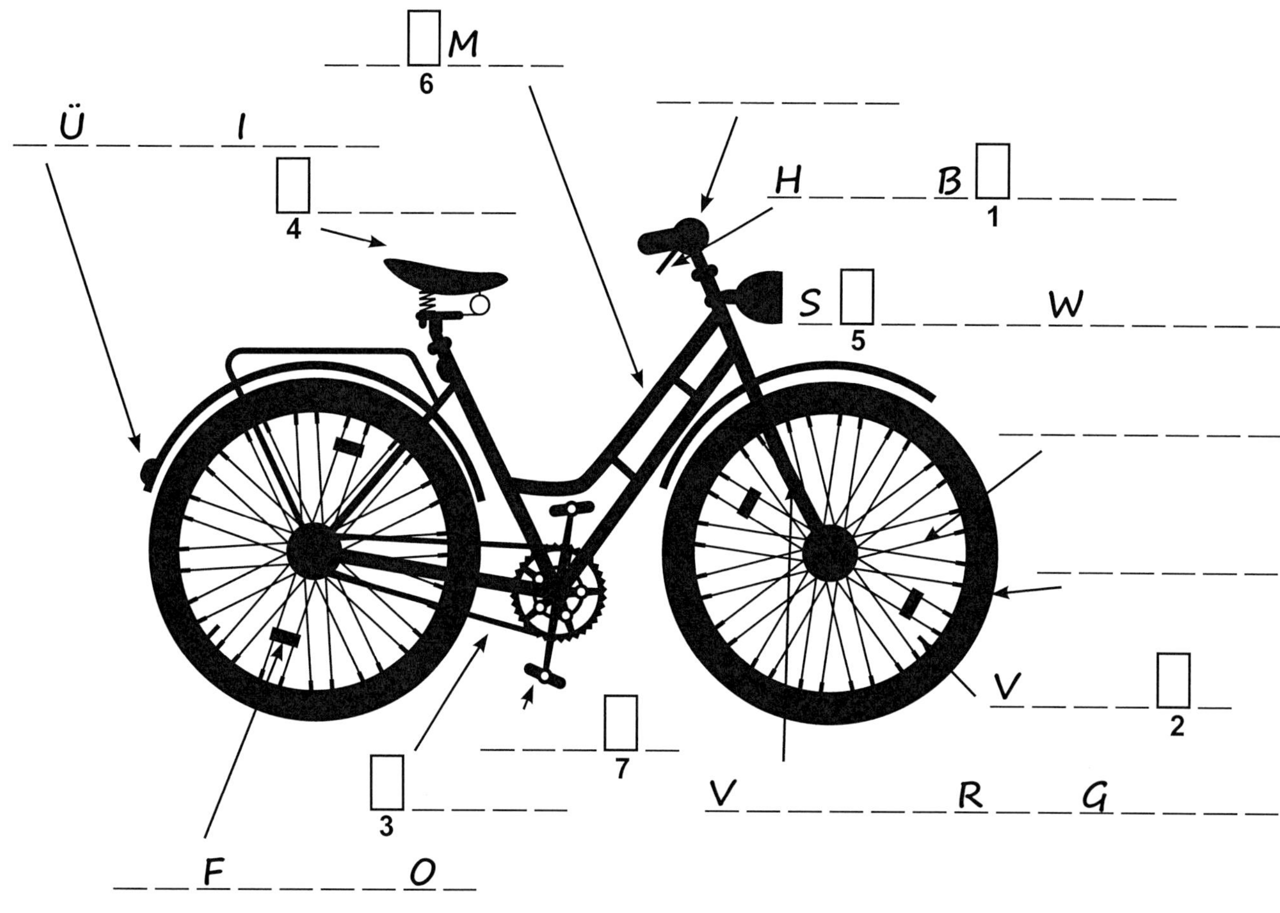

Die umrahmten Buchstaben ergeben das **Lösungswort:** ___ ___ ___ ___ ___ ___ ___
1 2 3 4 5 6 7

So heißt der zweirädrige Wagen aus Asien, der von einem Menschen (häufig mithilfe eines Fahrrades oder Motorrades) gezogen wird.

b) *Kennst du noch weitere besondere Zweiräder?*

____

Rätselblätter Physik
Kopiervorlagen für die Sekundarstufe – Bestell-Nr. 12 290
KOHL VERLAG

16 Geschichte des Automobils

Aufgabe: *Schneide die Zeitstreifen aus und bringe sie in die richtige Reihenfolge.*

Lösungswort: ______________________________

N	Carl Friedrich Benz konstruiert 1885 ein knatterndes Motordreirad.
R	Henry Ford lässt erstmals 1908 ein Auto am Fließband fertigen, den Ford T.
I	1935 wird der erste Prototyp des Volkswagens (Käfer) fertiggestellt.
R	In Frankreich findet 1894 das erste Autorennen statt (durchschnittliche Geschwindigkeit: 17 km/h).
G	1979 wird der Katalysator eingeführt, um den Schadstoffgehalt der Autoabgase zu verringern.
R	Das erste Autoradio Europas wird 1932 in ein Auto eingebaut. Es nimmt so viel Platz ein wie ein Mitfahrer.
U	Die beiden Engländer Charles Stewart Rolls und Frederich Henry Royce stellen 1906 ihre Autoserie Rolls-Royce (40 PS) vor.
G	1921 wird in Berlin die erste Autobahn (nur 11 km lang) fertiggestellt. Die so genannte Avus gilt damals als schnellste Automobilrennstrecke der Welt.
Ü	Der Schotte John Dunlop erfindet 1888 den Luftreifen.
N	Das erste internationale Rennen der Formel-1-Klasse findet 1950 in Frankreich statt.
B	Rudolf Diesel stellt seinen Dieselmotor 1897 der Öffentlichkeit vor.

Rätselblätter Physik
Kopiervorlagen für die Sekundarstufe – Bestell-Nr. 12 290
KOHL VERLAG

17 Vom Fliegen

Schon lange träumen Menschen davon, selber fliegen zu können. 1891 baute ein Deutscher ein Segelflugzeug aus Bambus, das mit Baumwolle bezogen war und zwanzig Kilo wog. Er befestigte es an seinen Unterarmen und steuerte es durch die Lüfte. Im Laufe seines Lebens führte er so etwa zweitausend Gleitflüge durch.

Wie heißt dieser Pionier der Luftfahrt?

Aufgabe: *Verbinde die passenden Wortteile durch einen geraden Strich miteinander. Die Buchstaben, die auf den Verbindungslinien liegen, ergeben - von oben nach unten gelesen - das Lösungswort.*

Hub •	G L	• flugzeug
Ra •	I	• kopter
Segel •	L S	• schiff
Heißluft •	I E	• schrauber
Luft •	N	• shuttle
Flug •	O T	• kete
Gleit •	H	• schirm
Heli •	F A	• ballon
Dra •	M L	• zeug
Space •		• chen

Lösungswort: ______________________________

KOHL VERLAG
Rätselblätter Physik
Kopiervorlagen für die Sekundarstufe – Bestell-Nr. 12 290

18 Schneller als das Auge ...

!

Aufgabe: *Kreuze jeweils den Buchstaben der richtigen Antwort an. Wenn du alle elf richtig hast, erhältst du ein zukunftsträchtiges Lösungswort.*

	1	2	X
Geschwindigkeit wird gemessen mit einem	Thermometer (G)	Barometer (B)	Tachometer (R)
Eine gebräuchliche Einheit der Geschwindigkeit ist	km (E)	km/h (A)	min (L)
Einen kurzen, schnellen Lauf nennt man	Spurt (N)	Spind (O)	Sprint (U)
Ein Fußgänger bewegt sich mit einer Geschwindigkeit von etwa ..... vorwärts.	5 km/h (M)	0,1 km/h (F)	22 km/h (T)
Wie schnell darf ein Auto innerhalb von Ortschaften maximal fahren?	50 km/h (S)	25 km/h (C)	100 km/h (H)
Schneller werden heißt in der Fachsprache	angasen (L)	wegrasen (A)	beschleunigen (C)
In der Musik gibt dieses Gerät den Takt vor.	Metronom (H)	Marathon (O)	Megaphon (U)
Wie heißt die größte Geschwindigkeit?	Lichtgeschwindigkeit (I)	Schallgeschwindigkeit (F)	Übergeschwindigkeit (X)
Wie lautet die Formel für die Geschwindigkeit?	$v = s + t$ (T)	$v = s \cdot t$ (R)	$v = \frac{s}{t}$ (F)
Ein Flugzeug hat eine Geschwindigkeit von etwa	90 km/h (E)	900 km/h (F)	9000 km/h (D)
Das verlangsamte Abspielen eines Films nennt man	Schneckentempo (A)	Zeitraffer (R)	Zeitlupe (E)

Lösungswort: ______________________________

Rätselblätter Physik
Kopiervorlagen für die Sekundarstufe – Bestell-Nr. 12 290
KOHL VERLAG

19 Kräfte

1) Kräfte werden in der Physik mithilfe von ..... dargestellt.

2) Man kann Kräfte nicht sehen, man kann sie nur an ihren ..... erkennen.

3) Einheit der Kraft.

4) Dieses Teilgebiet der Physik untersucht u. a. die Bewegung von Körpern sowie Kräfte und ihre Wirkungen.

5) Jede Kraft bewirkt eine gleich große .....

6) Teile des Körpers von Mensch und Tier u. a. für Krafteinsätze.

7) Gegenkraft, die der Raketenantrieb erzeugt.

8) Kraft, mit der ein Körper von der Erde angezogen wird.

9) Elastisches Metallteil im Kraftmesser.

10) Die Pfeilspitze gibt die .... der Kraft an.

11) Anderes Wort für Erdanziehungskraft.

12) Auf einen Körper mit einer Masse von einem Kilo wirkt eine Gewichtskraft von rund ..... Newton.

13) Eine Kraft kann einen Bewegungszustand ändern oder einen Körper .....

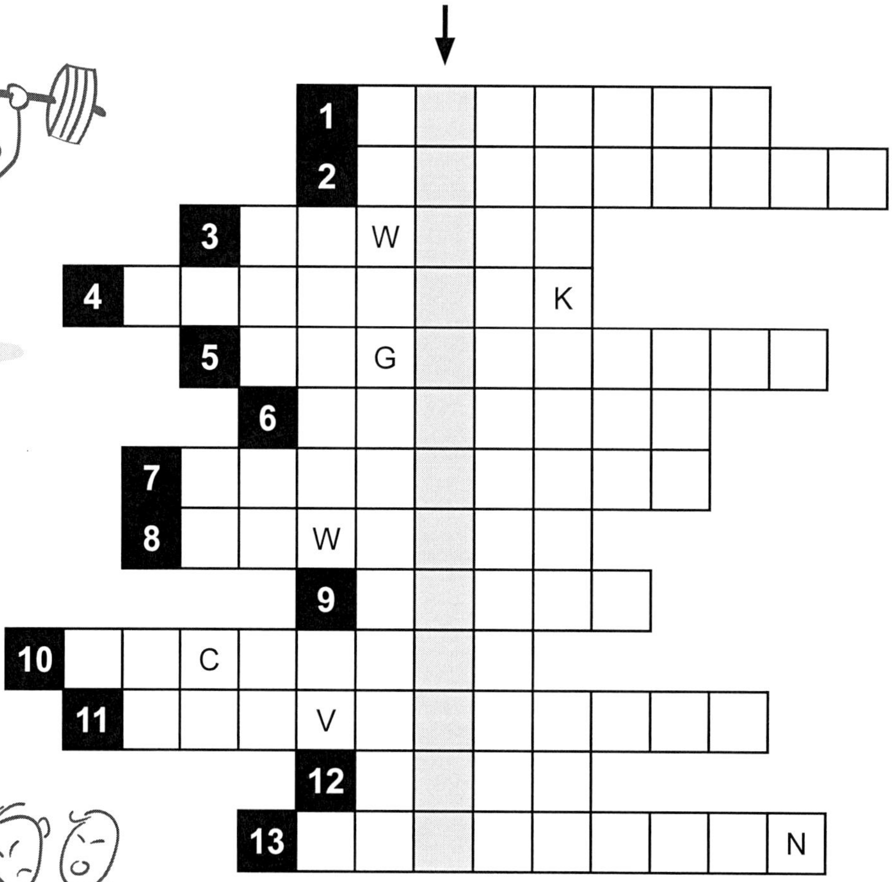

							↓							
					1									
					2									
			3			W								
	4								K					
			5			G								
				6										
		7												
		8			W									
					9									
10			C											
	11				V									
					12									
				13									N	

Lösungswort: ______________________________

KOHL VERLAG
Rätselblätter Physik
Kopiervorlagen für die Sekundarstufe – Bestell-Nr. 12 290

20 Über- oder Unterdruck?

Herrscht in einem Gefäß oder in einem physikalischen System ein Druck, der kleiner als der außen herrschende Druck ist, so spricht man von **Unterdruck**.
Als **Überdruck** wird demgegenüber der Teil des Drucks in einem physikalischen System bezeichnet, der den außen herrschenden Druck übersteigt.

Aufgabe: *Kreuze jeweils an, ob hier ein Unterdruck oder ein Überdruck vorliegt, und du erhältst einen coolen Spruch.*

	Unterdruck?	Überdruck?
Trinken mit Trinkhalm	0 Die	0 Der
aufgeblasener Luftballon	0 schöns	0 Klas
Heißluftballon	0 sen	0 te
Vakuumverpackung	0 ar	0 weg
Presslufthammer	0 Mann	0 beit
Aufziehen einer Spritze	0 ist	0 tu
Spraydosen	0 un	0 ver
Hochpumpen von Grundwasser	0 saut,	0 ter,
Luftkissenfahrzeug	0 weil	0 wenn
Haken mit Saugnapf	0 ei	0 je
Luft im Autoreifen	0 der	0 ner
aufgeblasene Luftmatratze	0 und	0 dir
Magdeburger Halbkugeln	0 den	0 das
Pipette	0 Spi	0 Ess
Aufpumpen mit Fahrradpumpe	0 ker	0 cker
Sodawasserflasche	0 will!	0 klaut!

Lösungsspruch: ____________________

____

____

____

Rätselblätter Physik – Kopiervorlagen für die Sekundarstufe – Bestell-Nr. 12 290
KOHL VERLAG

21 Eigenschaften von Körpern

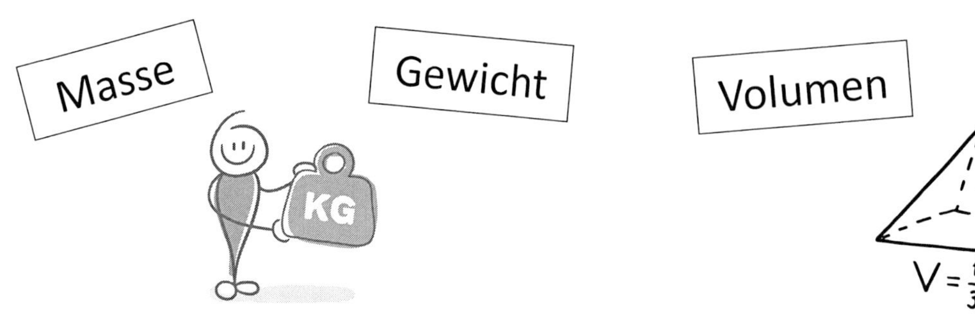

Masse

Gewicht

Volumen

Dichte

KG

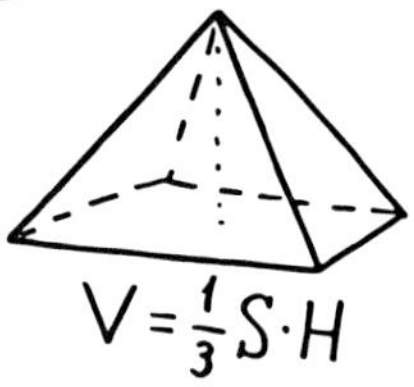
$V = \frac{1}{3} S \cdot H$

Aufgabe: **a)** *Schneide die Puzzleteile aus und klebe sie dann richtig aneinander.*

b) *Schreibe die fünfzehn Merksätze und Formeln noch einmal darunter, damit du sie dir einprägen kannst.*

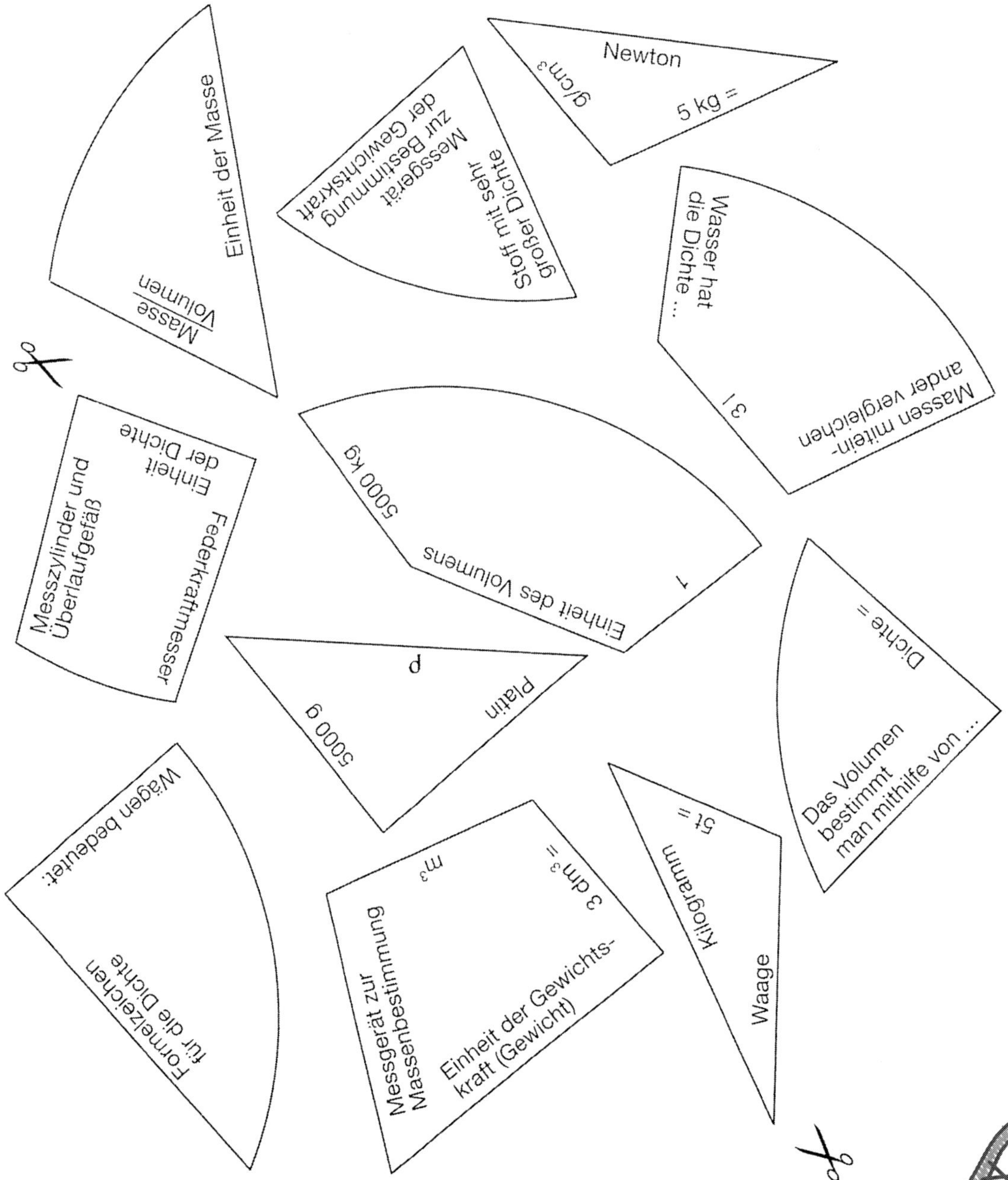
Einheit der Masse
Masse / Volumen
Messgerät zur Bestimmung der Gewichtskraft
Stoff mit sehr großer Dichte
Newton
g/cm³
5 kg =
Wasser hat die Dichte ...
Massen miteinander vergleichen
3 l
Einheit der Dichte
Messzylinder und Überlaufgefäß
Federkraftmesser
5000 kg
Einheit des Volumens
1
Dichte =
Das Volumen bestimmt man mithilfe von ...
ρ
Platin
5000 g
Wägen bedeutet:
Formelzeichen für die Dichte
m³
3 dm³ =
Messgerät zur Massenbestimmung
Einheit der Gewichtskraft (Gewicht)
5 t =
Kilogramm
Waage

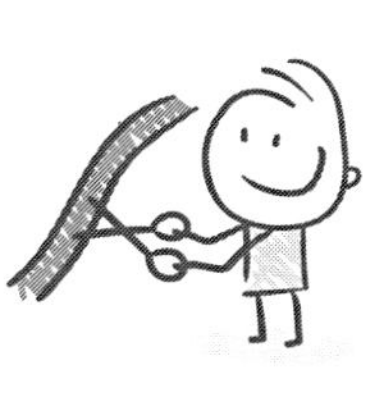

Rätselblätter Physik – Kopiervorlagen für die Sekundarstufe – Bestell-Nr. 12 290
KOHL VERLAG

22 Druck und Auftrieb in Flüssigkeiten

!

Als das Wasser bei seinem Einstieg aus seiner vollen Badewanne floss, rief er: *"Heureka – ich hab's gefunden!"*, sprang heraus und lief splitternackt und freudestrahlend durch den Palast des Königs Hieron von Syrakus. Jetzt wusste er, wie er das Volumen von ungleichmäßigen Gegenständen messen konnte. Durch weitere Experimente fand er noch heraus, dass Gegenstände im Wasser eine Kraft nach oben erfahren, die nicht mit ihrem Gewicht, sondern mit ihrem Volumen in Zusammenhang steht. Mithilfe dieser Erkenntnise konnte der Forscher das Problem des Königs Hieron von Syrakus lösen, der wissen wollte, ob seine neue Krone wirklich aus purem Gold bestand. Er brauchte dazu nur noch einen Goldklumpen, der das gleiche Gewicht hatte wie die Krone .....

Aufgabe: *Wie hieß der bekannte Grieche, der 250 v. Chr. wichtige Erkenntnisse über Druck und Auftrieb in Flüssigkeiten gewonnen hat?*

Lösungswort: ______________________________

1) Der Druck, der in jeder Flüssigkeit herrscht, heißt Schweredruck oder auch ..... Druck.
2) Die Auftriebskraft wirkt der ..... entgegen.
3) Der Auftrieb ist dafür verantwortlich, dass Gegenstände im Wasser ..... erscheinen.
4) Ist die Auftriebskraft größer als die Gewichtskraft eines Körpers, so ..... der Körper.
5) Ist die Gewichtskraft größer als die Auftriebskraft, ... der Körper.
6) Die Auftriebskraft ist vom ..... und nicht von der Masse des eingetauchten Körpers abhängig..
7) Der Schweredruck nimmt mit der ..... zu.
8) Ein Körper sinkt weniger tief in eine Flüssigkeit ein, wenn ihre ..... größer ist. (Vergleiche z. B. Salzwasser und reines Wasser).
9) Der Auftrieb ist eine nach ..... gerichtete Kraft.
10) Der Druck breitet sich in einer Flüssigkeit nach allen ..... gleichmäßig aus.

Rätselblätter Physik
Kopiervorlagen für die Sekundarstufe – Bestell-Nr. 12 290

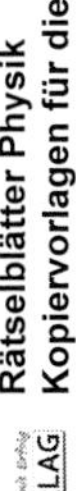

23 Berühmte Schiffe

Von den Einbäumen und Flößen unserer vor- und frühgeschichtlichen Vorfahren bis zu den modernen Luxusdampfern und riesigen Öltankern unserer Zeit war es ein weiter Weg. Zu allen Zeiten aber setzten die Menschen Schiffe ein, um Personen oder Güter zu befördern.

Aufgabe: *Einige Schiffe sind sehr berühmt geworden. Vielleicht kennst du das eine oder andere aus Büchern und Filmen.*

Finde heraus, welche Schiffe hier gemeint sind.

Tipp: Gleiche Symbole = gleiche Buchstaben!

So hieß die bekannte spanische Kriegsflotte die 1588 von Philipp II. gegen England ausgesandt wurde. Die Schlacht wurde verloren. Bei der Rückfahrt gingen weitere Schiffe durch Stürme zugrunde.	__ __ __ __ __ __
Dieser angeblich unsinkbare, englische Luxusdampfer ging 1912 bei seiner Jungfernfahrt nach einem Zusammenstoß mit einem Eisberg unter. 1517 Menschen waren zu diesem Zeitpunkt auf dem Schiff.	__ __ __ __ __ __ __
Sie war das Flaggschiff von Christoph Kolumbus bei seinen Entdeckungsfahrten. Mit ihr entdeckte er 1492 Amerika.	__ __ __ __ __ __ __ __ __ __
Captain James Cook unternahm auf ihr seine erste Weltumseglung und entdeckte dabei 1769 Neuseeland.	__ __ __ __ __ __ __ __ __
Englisches Schiff, auf dem es 1789 zu einer bekannten Meuterei kam.	__ __ __ __ __ __
Dieser Tanker lief 1989 auf ein Riff in den Gewässern Alaskas auf und verlor dabei rund 42 Millionen Liter Öl. Das war die bis zu diesem Zeitpunkt größte Umweltkatastrophe auf See.	__ __ __ __ __ __ __ __ __ __ __
Sie war das größte deutsche Kriegsschiff und wurde bei ihrer ersten Unternehmung 1941 vermutlich von Briten versenkt.	__ __ __ __ __ __ __ __
Sie ist einer der größten Flugzeugträger der Welt. Auch ein bekanntes Raumschiff aus Film und Fernsehen heißt so.	__ __ __ __ __ __ __ __ __ __

Rätselblätter Physik
Kopiervorlagen für die Sekundarstufe – Bestell-Nr. 12 290
KOHL VERLAG

24 Vom Tauchen

Der schweizerische Tiefseeforscher Jacques Piccard erreichte 1970 mit dem Tauchboot "Trieste" in einem Tiefseegraben des westlichen Pazifik eine Tiefe von 10916 Metern.

Aufgabe: *Wie nennt sich dieser Tiefseegraben?*
Trage die Wörter in das Rätsel ein.
Die nummerierten Buchstaben ergeben das Lösungswort.

Lösungswort: ___ ___ ___ ___ ___ ___ ___ ___ ___ ___ ___ ___ ___ ___
1 2 3 4 5 6 7 8 9 10 11 12 13 14

								8				
			11									
										13		
			10					2				
									7			
5		3										
					9					4		
				1								
										14		
12												6

AAL • BAR • BLEI • MEER • RIFF • LUNGE • FISCH • PERLE • INSELN
FLOSSEN • AUFTRIEB • MUSCHELN • SANDBANK • KORALLEN • DRUCKLUFT
SAUERSTOFF • TROMMELFELL • DRUCKAUSGLEICH

25 Alles logo mit dem Schall?

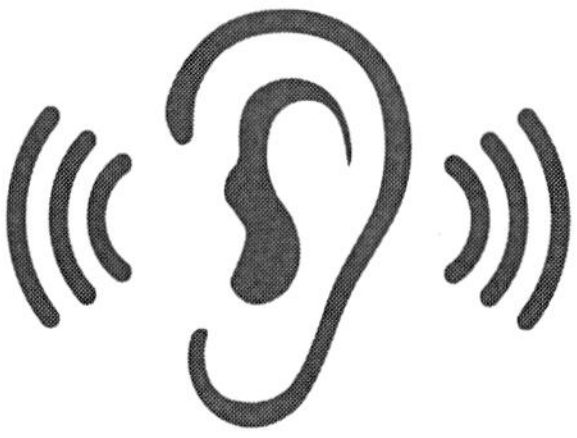

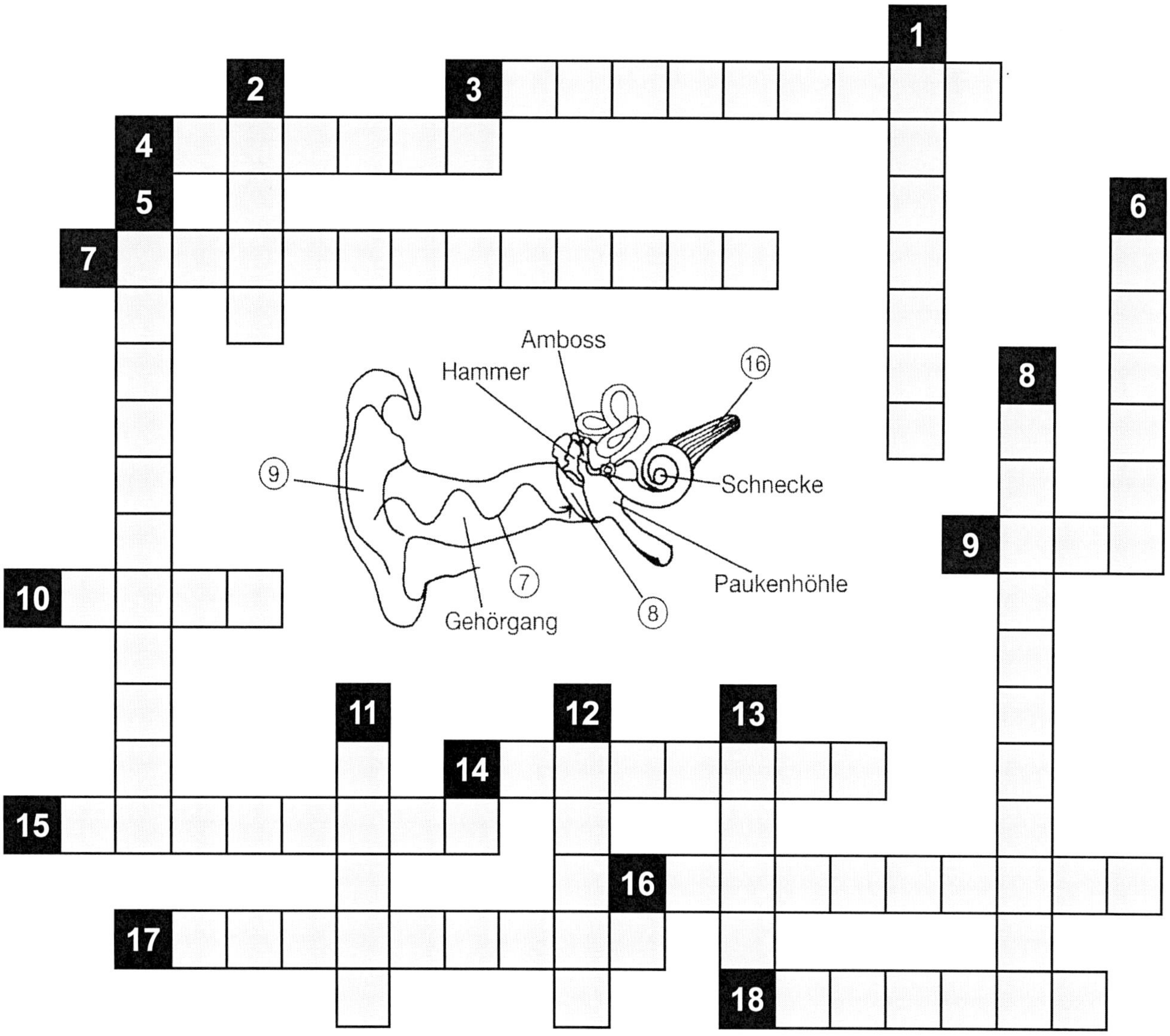

Amboss
Hammer
16
9
Schnecke
7
Paukenhöhle
Gehörgang
8

1) Einheit der Lautstärke.

2) Widerhall (z. B. in den Bergen).

3) Max. Auslenkung einer Schwingung. (Schwingungsweite)

4) Dort wird das Geräusch verarbeitet.

5) Schallerzeuger im Kehlkopf.

6) Schallereignis bei einem Gewitter.

7) Töne, Klänge und Geräusche breiten sich in Form von ..... aus.

8) Dieses elastische Häutchen im Ohr wird durch Töne in Schwingungen versetzt.

9) Hörorgan des Menschen.

10) Laute, unangenehm empfundene Geräusche.

11) Einheit der Frequenz.

12) Heftiges, kurzes Schallereignis.

13) Ein Ton der nicht hoch ist, ist .....

14) Lehre vom Schall.

15) Schwingungszahl.

16) Er leitet den Ton zum Gehirn.

17) Sie schwingt in Flöte und Orgelpfeife.

18) Im Vakuum breitet er sich nicht aus.

26 Musikinstrumente

Aufgabe: a) *Suche die Namen der sechzehn Musikinstrumente im Rätselgitter und trage sie zu den entsprechenden Abbildungen ein.*

b) *Überlege, in welche Gruppen man sie einteilen kann und kreise verwandte Musikintrumente in der gleichen Farbe ein.*

T	P	A	U	K	E	V	O	K	L	A	V	U	M	N
R	S	X	N	I	R	U	B	M	A	T	U	B	U	E
O	O	L	V	Y	H	E	N	M	X	A	L	L	N	K
M	N	A	S	A	X	O	P	H	O	N	P	O	D	C
P	N	D	I	E	G	I	T	A	R	R	E	C	H	E
E	E	K	S	R	R	A	L	R	S	K	Ö	K	A	B
T	E	L	T	P	O	K	Ö	F	M	A	T	F	R	N
E	S	A	E	I	S	K	T	E	L	C	E	L	M	K
H	A	R	R	T	E	L	E	K	E	H	N	Ö	O	L
P	N	I	N	R	M	A	A	T	T	O	A	T	N	G
B	L	N	G	O	X	V	E	M	S	R	B	E	I	E
F	H	E	E	M	M	I	S	A	G	N	G	E	K	I
O	A	T	N	M	O	E	I	E	G	A	P	A	A	G
X	L	T	F	E	L	R	O	P	O	S	A	U	N	E
E	S	E	A	L	A	N	T	R	I	A	N	G	E	L

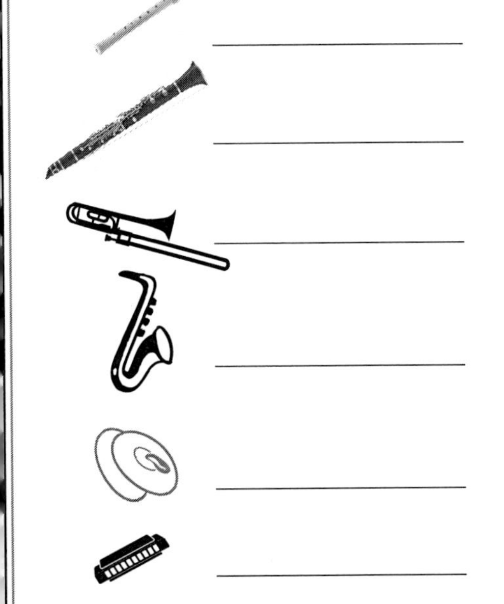

Rätselblätter Physik
Kopiervorlagen für die Sekundarstufe – Bestell-Nr. 12 290
KOHL VERLAG

27 Lichtlein, Lichtlein, spiegle dich!

Wie gut kennst du dich mit Licht und Spiegeln aus?

Aufgabe: **a)** *Verbinde zusammengehörende Satzteile mit einer geraden Linie.*

Die Buchstaben, die nicht von einer Verbindungslinie durchzogen werden, ergeben das Lösungswort. Lies von oben nach unten.

Lichtquellen sind ...	L S	... spricht man von diffuser Reflexion.
Licht breitet sich ...	I H C	... aufrechte, gleich große, scheinbare Bilder.
Der ebene Spiegel erzeugt ...	I	... Körper, die selber Licht erzeugen.
Wird Licht an einer rauen Oberfläche zurückgeworfen ...	U C O	... den Brennpunkt.
Der Hohlspiegel wird auch ...	A H	... geradlinig und nach allen Seiten aus.
Optik ist die ...	G	... Konvexspiegel genannt.
Reflexionsgesetz: Der Einfallswinkel ist ...	T P	... Lehre vom Licht.
Focus ist der lateinische Fachausdruck für ...	R J	... einen Hohlspiegel und ein Lämpchen.
Der Wölbspiegel wird auch ..	F A B	... Konkavspiegel genannt.
An unübersichtlichen Straßenkreuzungen ...	M P H	... gleich dem Reflexionswinkel.
Der Autoscheinwerfer enthält als wichtigste Teile ...	X R	... findet man oft Wölbspiegel.

Lösungswort: ______________________________

b) *Was kannst du über diesen Begriff in deinem Physikbuch finden?*

____

____

____

Rätselblätter Physik
Kopiervorlagen für die Sekundarstufe – Bestell-Nr. 12 290
KOHL VERLAG

28 Optische Geräte

!

Optische Geräte sind Anordnungen, mit deren Hilfe man Bilder von Gegenständen erzeugen kann. Sie enthalten als Hauptbestandteile meist Linsen, Prismen und Spiegel.

Aufgabe: *Finde heraus, wie die gesuchten Geräte heißen.*

↓

								↓								
					1											
			2						P							
					3					S						
						4								O		
5																
6				H												
		7	D													
		8		P												
	9											A				
							10									
					11							P				
			12		R											
		13		V												
				14						K						

Lösungswort: ______________________________

(Name eines berühmten Mathematikers und Physikers, der ab 1610 als Erster mit einem Fernrohr den Himmel erforschte. Dabei entdeckte er u. a., dass sich die Erde um sich selbst dreht und gleichzeitig die Sonne umkreist.)

1) Optisches Gerät des menschlichen Körpers.
2) Mit ihm kann man z. B. Urlaubserinnerungen auf Bildern festhalten.
3) Dem Jäger hilft er, Tiere genauer zu beobachten.
4) Mit ihm kann man sehr kleine Objekte stark vergrößern.
5) Sie wir auch Haftschale genannt.
6) Sehr einfaches optisches Gerät ohne Linsen.
7) Er projiziert durchsichtige Bildchen an die Wand.
8) Es wird im Theater gerne benutzt, damit man auch hinten gut sieht.
9) Sie speichert bewegte Bilder auf Magnetband.
10) Vergrößerungsglas
11) Es projiziert Papierbilder an die Wand.
12) Sie sitzt auf der Nase und hilft bei Weit- oder Kurzsichtigkeit.
13) Ein ...projektor darf im Klassenzimmer nicht fehlen.
14) Optische Verbindung eines U-Bootes zur "Überwasserwelt".

Rätselblätter Physik
Kopiervorlagen für die Sekundarstufe – Bestell-Nr. 12 290

29 Das Auge - unser optisches Gerät

!

Lösungswort: ______________________________

Waagerecht:

b) Abstand Linse – Netzhaut
c) Innenraum des Auges, mit einer durchsichtigen Flüssigkeit gefüllt.
e) Zapfen sind verantwortlich, dass wir ..... sehen.
i) Anpassung der Linse an die Entfernung
k) Sie regelt den Lichteinfall
l) Menschen, die nicht sehen können, sind ...
m) Sehbehelf
n) Er übermittelt den optischen Reiz zum Gehirn.
o) Dort werden die Bilder erzeugt.

Senkrecht:

a) Korrektur für Kurzsichtigkeit.
d) Vorderstes Teil des Auges.
f) Welche Art von Linse ist in unserem Auge?
g) Regenbogenhaut.
h) Sie leiten den Schweiß von der Stirne auf die Seite.
j) Es schützt das Auge vor äußeren Einflüssen.

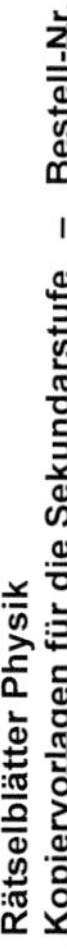

30 Ganz schön heiß . . .

Lösungswort: ________________________________

1) Die ... der Teilchen eines Stoffes ist abhängig von der Temperatur.
2) Messgerät für die Temperatur.
3) Sie dehnen sich bei Erwärmung stärker aus als Flüssigkeiten.
4) Sie [ρ] ändert sich mit der Temperatur.
5) Flüssigkeit im Thermometer.
6) 293 Kelvin = ... °C (Zahlwort).
7) Je schneller sich seine Teilchen bewegen, umso ... ist der Stoff.
8) Es gibt Flüssigkeitsthermometer, Gasthermometer und ...thermometer.
9) Die Temperatur - 273 °C ist der ... Nullpunkt.
10) Erhöhte Körpertemperatur.
11) Wärmeeinheit (wird noch in den USA und Großbritannien benutzt).
12) Wichtiger Punkt auf der Temperaturskala nach Celsius ist der ... des Wassers.
13) Wärmeeinheit in der Wissenschaft.
14) Kräfte, die der Bewegung der Teilchen entgegenwirken.

Rätselblätter Physik
Kopiervorlagen für die Sekundarstufe – Bestell-Nr. 12 290
KOHL VERLAG

31 Verschiedene Temperaturen

Aufgabe: **a)** *Verbinde richtig!*
Die Buchstaben, die direkt auf den geraden Linien liegen, ergeben – von oben nach unten gelesen – das Lösungswort.

Temperatur		Beispiel
6000 °C		Tiefkühltruhe
2500 °C		Körpertemperatur
1300 °C		Sonnenoberfläche
800 °C		Bunsenbrenner
240 °C		Zimmertemperatur
100 °C		Wasser gefriert
37 °C		Bügeleisen
22 °C		absoluter Nullpunkt
0 °C		Luft wird flüssig
- 20 °C		Glühfaden (Glühlampe)
- 191 °C		Wasser siedet
- 273 °C		Streichholzflamme

W T A H E S R T M O M E T K U E T R F

Lösungswort: ______________________________

b) *Welche ..... kennst du?*

____

____

____

____

Rätselblätter Physik
Kopiervorlagen für die Sekundarstufe – Bestell-Nr. 12 290
KOHL VERLAG

32 Übergänge zwischen den Zustandsformen

!

Stoffe können in drei Aggregatzuständen auftreten: **fest, flüssig oder gasförmig**. Der Zustand eines Stoffes hängt u. a. von der Temperatur ab.

Aufgabe: *Wenn du die Bilderrätsel richtig löst, findest du die Namen für die Übergänge zwischen den drei Zustandsformen.*

Tipp: Geiche Symbole = gleiche Buchstaben!

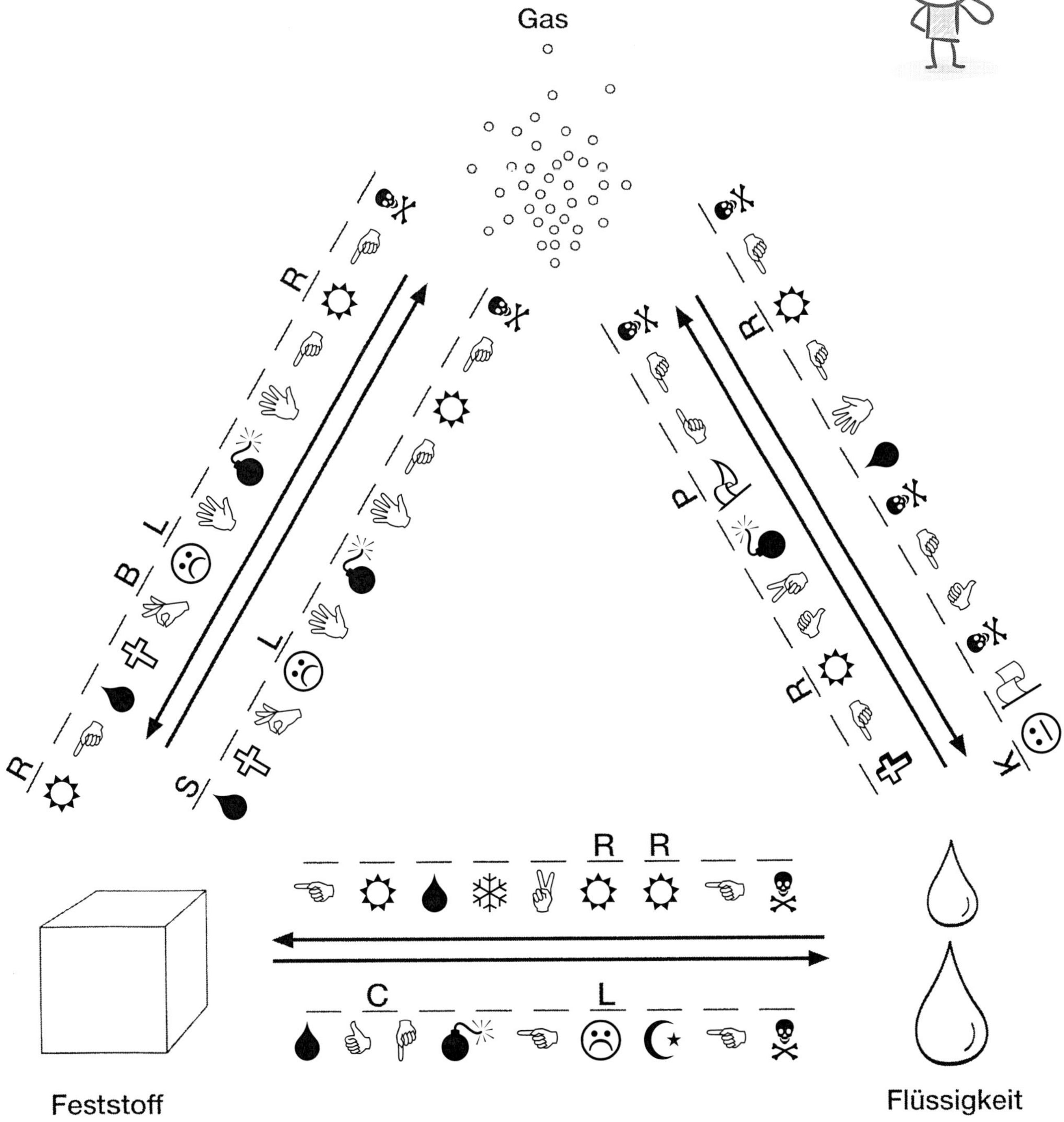

Gas

_ _ _ _ _ R R _ _

_ C _ _ _ L _ _ _

Feststoff

Flüssigkeit

Rätselblätter Physik
Kopiervorlagen für die Sekundarstufe – Bestell-Nr. 12 290
KOHL VERLAG

33 Aggregatzustände

!

Aufgabe: *Schneide die Puzzleteile aus und klebe sie so aneinander, dass sinnvolle Sätze entstehen.*

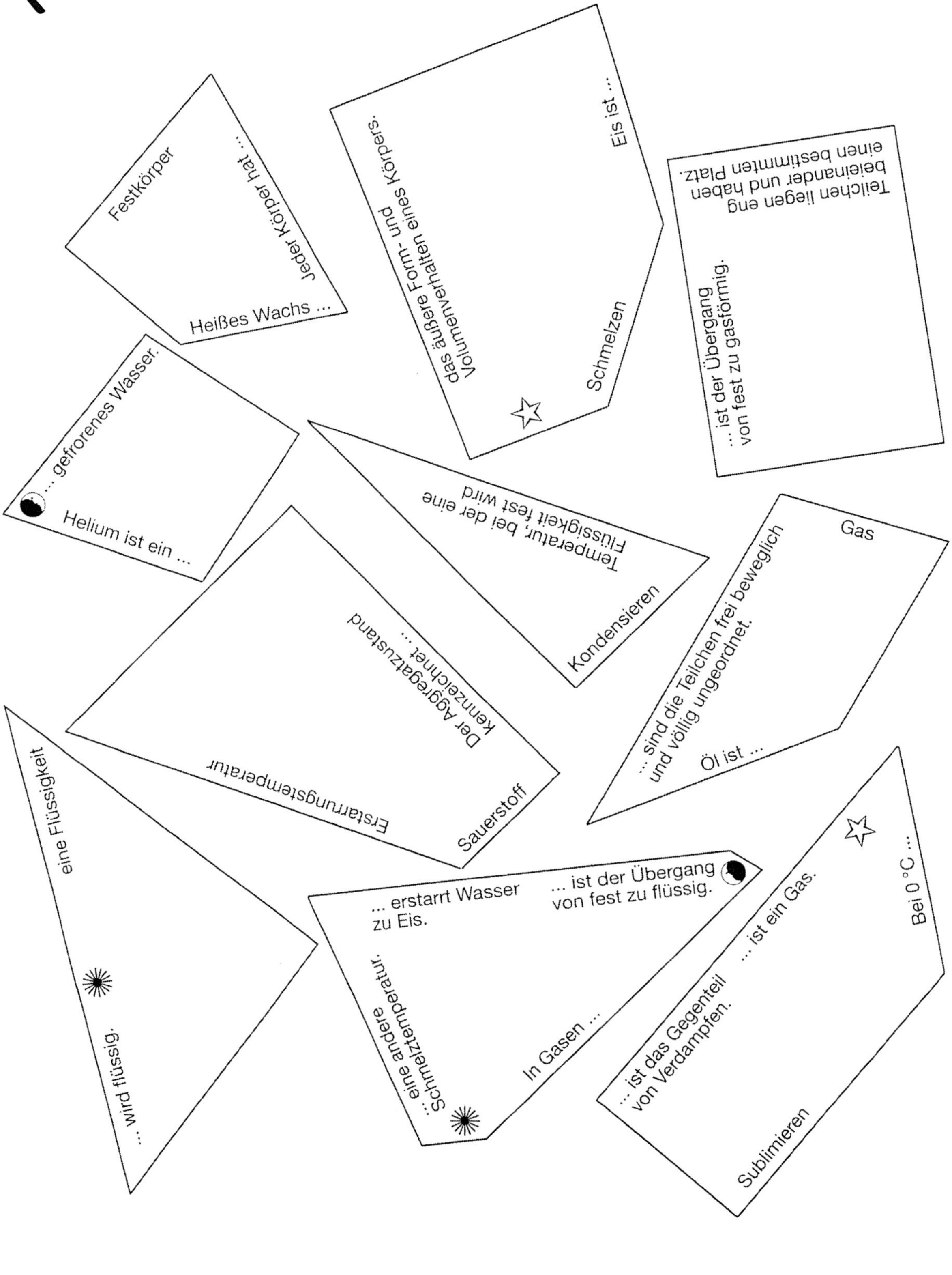

Festkörper

Jeder Körper hat ...

Heißes Wachs ...

das äußere Form- und Volumenverhalten eines Körpers.

Eis ist ...

Schmelzen

Teilchen liegen eng beieinander und haben einen bestimmten Platz.

... ist der Übergang von fest zu gasförmig.

... gefrorenes Wasser.

Helium ist ein ...

Temperatur, bei der eine Flüssigkeit fest wird

Kondensieren

Gas

... sind die Teilchen frei beweglich und völlig ungeordnet.

Öl ist ...

Der Aggregatzustand kennzeichnet ...

Erstarrungstemperatur

Sauerstoff

eine Flüssigkeit

... wird flüssig.

... erstarrt Wasser zu Eis.

... ist der Übergang von fest zu flüssig.

... eine andere Schmelztemperatur.

In Gasen ...

... ist ein Gas.

Bei 0 °C ...

... ist das Gegenteil von Verdampfen.

Sublimieren

Rätselblätter Physik
Kopiervorlagen für die Sekundarstufe – Bestell-Nr. 12 290
KOHL VERLAG

34 Wie wird wohl das Wetter?

..... das interessiert wohl jeden von uns!
Viele Wissenschaftler machen sich Gedanken darüber, wie das Wetter noch besser vorhergesagt werden kann. Das Wettergeschehen hängt von vielen Faktoren ab. Die Physik hat bereits eine ganze Menge darüber herausgefunden ...

Aufgabe: **a)** *Wie heißt die Wissenschaft, die sich mit dem Wettergeschehen beschäftigt?*

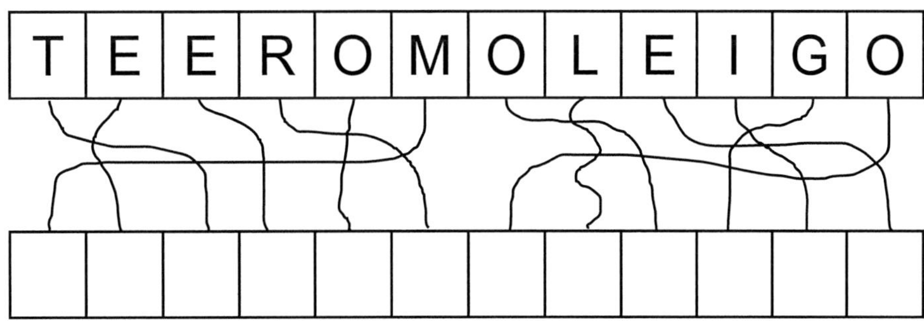

b) *Das Wettergeschehen spielt sich in der untersten Schicht der Atmosphäre ab. Wie heißt diese Schicht?*

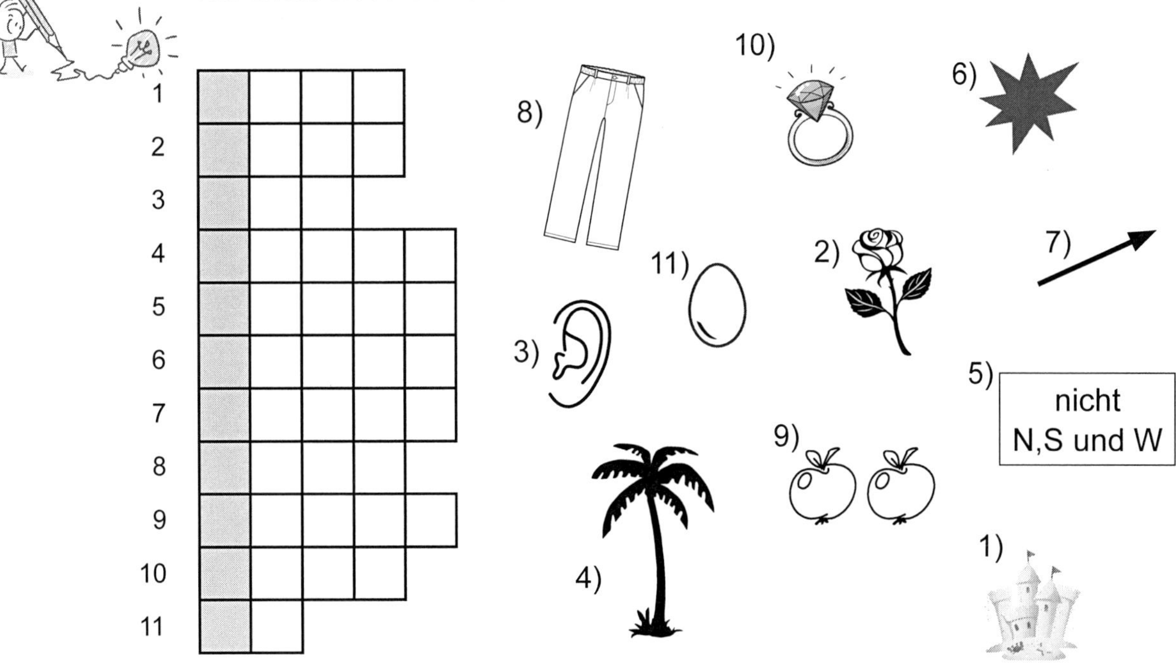

c) *Durch welche Faktoren wird das Wetter beeinflusst? Kreise die sechs Wetterelemente ein!*

Malbuch Kamel Münze Mehl Niederschlag
Luftfeuchtigkeit Ofen Ratte Kleber
Schlafanzug Steckdose Katze Lineal Wind Telefon Cola
Blume Bewölkung Luftdruck Kamm Pilz Balkon
Temperatur Sessel Hund Tafel Torte Gips

35 Das Mikroskop

!

Ein Mikroskop ist ein Gerät, mit dem man Objekte stark vergrößert ansehen oder bildlich darstellen kann. Mikroskope sind ein wichtiges Hilfsmittel in der Biologie, Medizin und den Materialwissenschaften. Das erste Mikroskop baute zu Beginn des 17. Jahrhunderts der holländische Händler Zacharias Janssen.

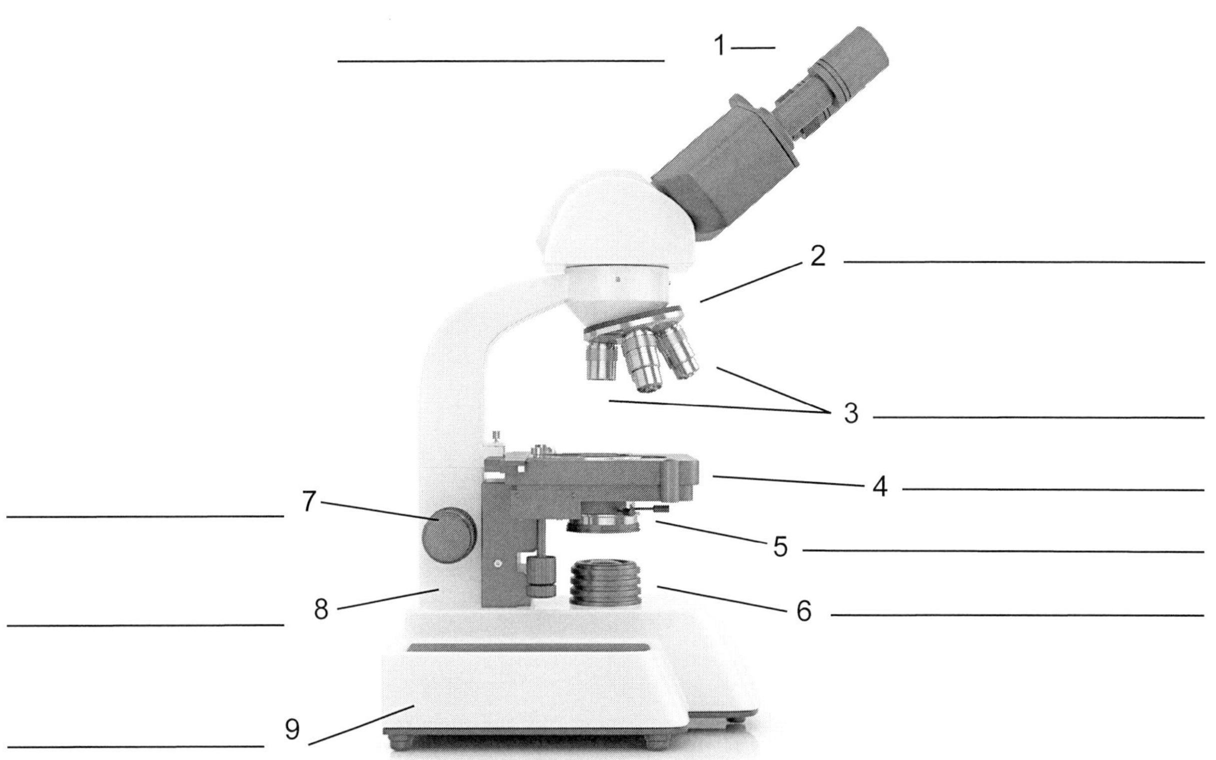

Aufgabe: *Suche im Suchgitter die 9 Begriffe und trage sie oben ein:*

F	P	L	J	Z	B	K	X	K	U	D	B	C	R	S
O	N	B	T	R	I	E	B	K	N	O	P	F	E	T
W	E	E	X	H	O	K	U	L	A	R	F	U	V	A
L	A	M	P	E	M	C	L	T	E	C	S	S	O	T
T	U	H	M	J	I	A	Q	J	F	N	T	S	L	I
O	B	J	E	K	T	T	I	S	C	H	D	I	V	V
T	Z	A	X	O	B	J	E	K	T	I	V	E	E	C
Z	X	Y	C	T	U	B	Q	R	P	K	V	W	R	Y

KOHL VERLAG
Rätselblätter Physik
Kopiervorlagen für die Sekundarstufe – Bestell-Nr. 12 290

36 Atome

Atome sind äußerst kleine Teilchen, aus denen alle Stoffe aufgebaut sind.

a) *Man kann sich Atome so vorstellen:*

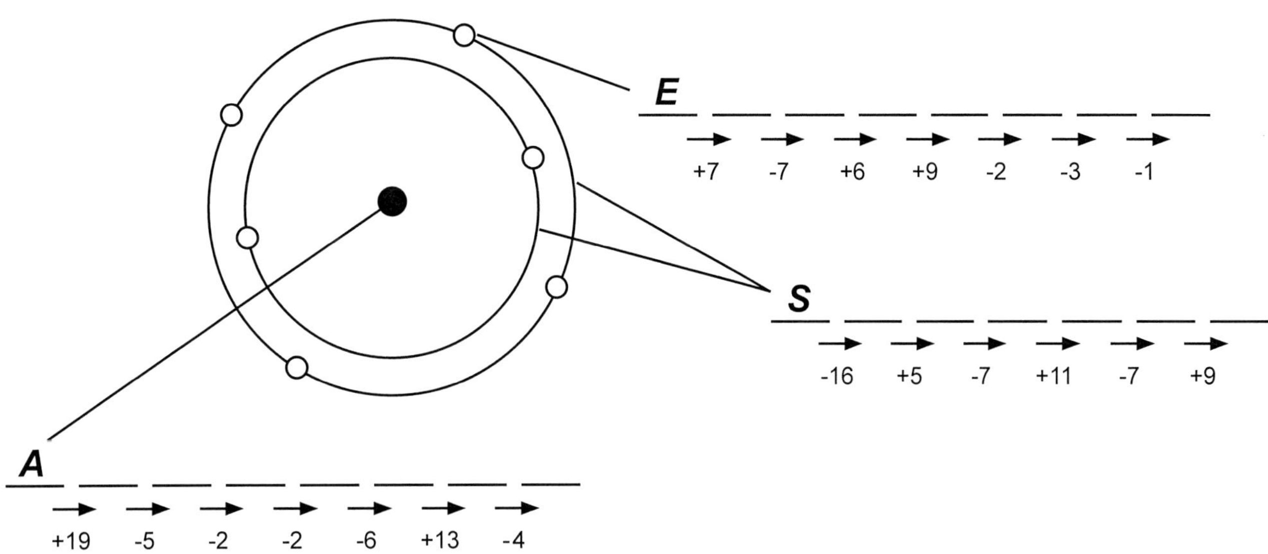

Es gibt verschiedene Arten von Atomen, die sich in Masse und Durchmesser unterscheiden.

b) *Stoff, der sich auf chemischen Wegen nicht weiter zerlegen lässt:*

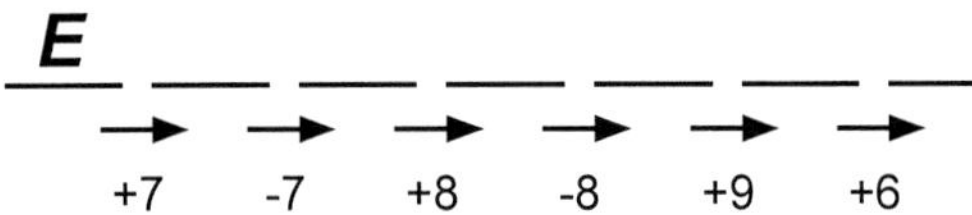

c) *Chemische Verbindung aus gleichartigen oder verschiedenartigen Atomen:*

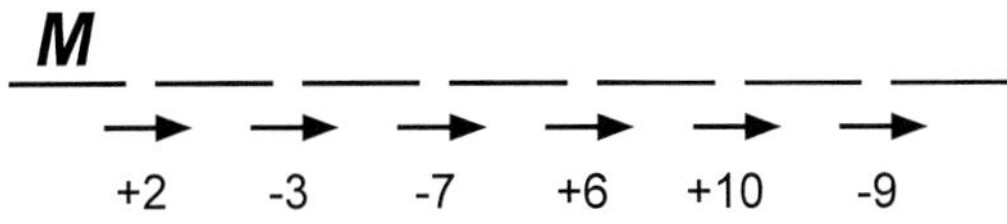

A B C D E F G H I J K L M N O P Q R S T U V W X Y Z

Rätselblätter Physik
Kopiervorlagen für die Sekundarstufe – Bestell-Nr. 12 290
KOHL VERLAG

37 Zwischen den Teilchen gibt es Kräfte

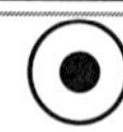

Von den kleinsten Teilchen, aus denen jeder Stoff besteht, hast du ja sicherlich schon einiges gehört. Vielleicht hast du dich auch schon gefragt, warum z. B. die Teilchen in einem Stück Tafelkreide nicht auseinander fallen und wieso kleine Kreidestückchen beim Schreiben auf der Tafel haften bleiben. Physiker haben entdeckt, dass es Kräfte zwischen den Teilchen gibt.

Aufgabe: *Wenn du jeweils den richtigen Aggregatzustand ankreuzt, findest du heraus, wie diese Kraft-Phänomene heißen. Das Lösungwort ergibt sich jeweils aus den angekreuzten Buchstaben.*

	fest ?	flüssig ?	gasförmig ?
Wasser	L	K	R
Kohle	O	I	E
Sauerstoff	H	N	H
Milch	E	Ä	L
Benzin	M	S	D
Holz	I	A	U
Erdgas	B	K	O
Cola	O	N	W

Zwischen den Teilchen **eines** Stoffes wirken Kräfte.

___ ___ ___ ___ ___ ___ ___ ___

	fest ?	flüssig ?	gasförmig ?
Alkohol	E	A	B
Silber	D	I	R
Helium	J	U	H
Kunststoff	Ä	Ö	H
Autoabgase	A	M	S
Eisen	I	U	K
Zitronensaft	V	O	T
Porzellan	N	X	Z

Zwischen den Teilchen **verschiedener** Stoffe wirken Kräfte.

___ ___ ___ ___ ___ ___ ___ ___

Rätselblätter Physik
Kopiervorlagen für die Sekundarstufe – Bestell-Nr. 12 290
KOHL VERLAG

38 Strahlenschutz

Aufgabe: *Das Lösungswort nennt dir den Namen der Anlagen, in denen die gesteuerte Kernspaltung zur Gewinnung von Elektroenergie genutzt wird.*

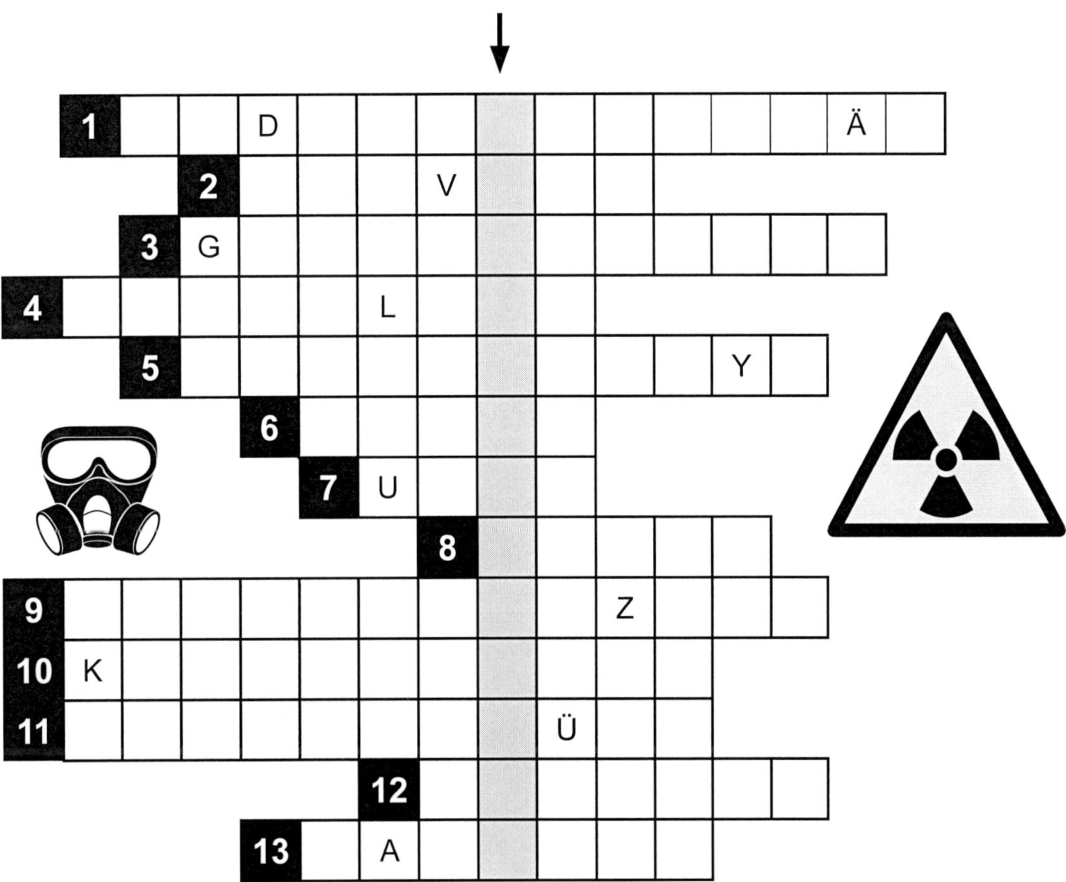

Lösungswort: ______________________________

1) Eigenschaft instabiler Atomkerne bestimmter chemischer Elemente, ohne äußere Einflüsse zu zerfallen, sich umzuwandeln und dabei bestimmte Strahlen auszusenden.
2) Einheit für die Strahlendosis, die von einem Körper aufgenommen wurde.
3) Gerät zum Nachweis radioaktiver Strahlen.
4) Energie- oder Teilchenstrom, der von einer Quelle ausgesandt wird.
5) Ort des Reaktorunglückes 1986 in der Ukraine.
6) Terrestrische Strahlung ist natürliche Strahlung aus dem .....
7) natürliches radioaktives Element mit der Odnungszahl 92
8) möglicher Spätschaden bei radioaktiver Verstrahlung (bösartige Veränderung von Zellen)
9) Jene Zeit, in der die Hälfte eines radioakiven Stoffes zerfallen ist.
10) Tabletten zum Schutz bei radioaktiver Verstrahlung
11) besonders strahlungsempfindliches Organ in Kopfnähe
12) ..... und Türen sollten im Ernstfall sofort mit Klebeband abgedichtet werden.
13) 3 Minuten Daueralarm bedeutet ....

39 Planeten

Der Mittelpunkt unseres Sonnensystems ist die Sonne. Um sie herum kreisen Planeten und Asteroiden. Manche Planeten werden – wie die Erde – von Monden umkreist.

Aufgabe: *Finde heraus, wie die acht Planeten unseres Sonnensystems heißen.*

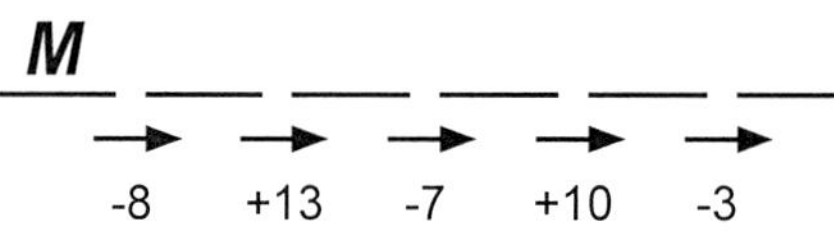

M ___ ___ ___ ___ ___

-8 +13 -7 +10 -3

Dieser Planet ist der Sonne am nächsten. Auf seiner Oberfläche ist es 350 °C heiß.

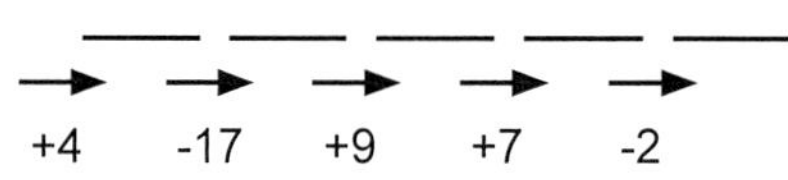

+4 -17 +9 +7 -2

Das ist – von der Erde aus gesehen – der hellste Planet. Er ist auch mit bloßem Auge zu sehen.

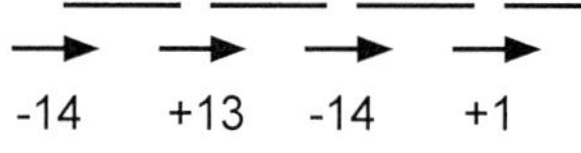

-14 +13 -14 +1

Nach derzeitigem Forschungsstand der einzige Planet, auf dem sich Leben befindet.

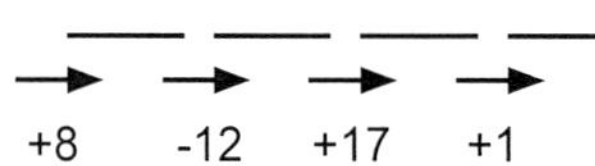

+8 -12 +17 +1

Dieser Planet gibt "grünen Männchen" seinen Namen und hat die tiefsten Gräben.

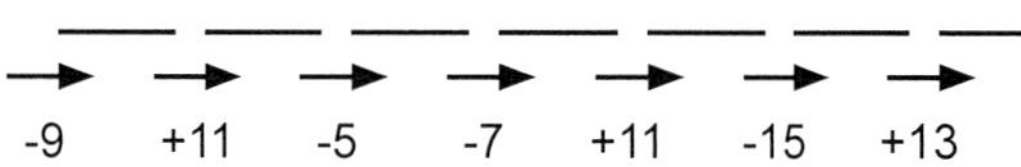

-9 +11 -5 -7 +11 -15 +13

Er dreht sich am schnellsten um sich selbst. Ein Tag dauert hier nur zehn Erdenstunden.

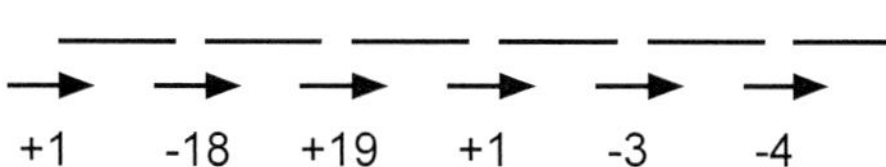

+1 -18 +19 +1 -3 -4

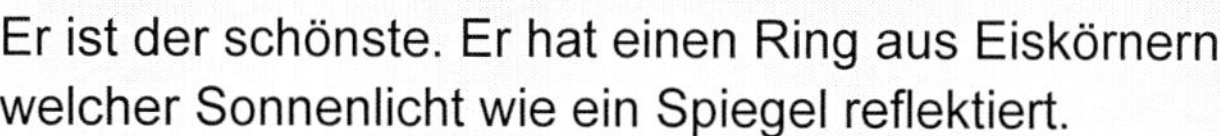

Er ist der schönste. Er hat einen Ring aus Eiskörnern, welcher Sonnenlicht wie ein Spiegel reflektiert.

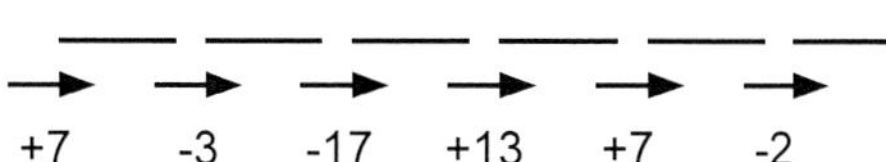

+7 -3 -17 +13 +7 -2

Auch dieser Planet hat Ringe, diese sind aber dunkel.

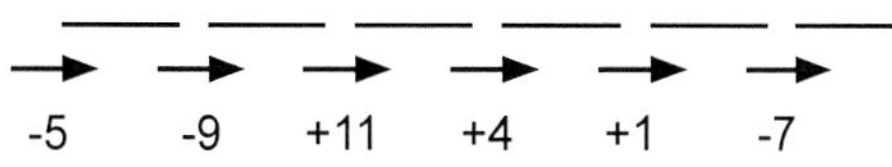

-5 -9 +11 +4 +1 -7

Auf ihm könnte ein Mensch nie alle Jahreszeiten erleben, denn für eine Umdrehung um die Sonne braucht er ca. 165 Erdenjahre.

A B C D E F G H I J K L M N O P Q R S T U V W X Y Z

Rätselblätter Physik
Kopiervorlagen für die Sekundarstufe – Bestell-Nr. 12 290
KOHL VERLAG

40 Über den Mond

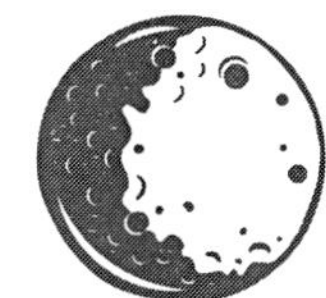

!

Fast jede Nacht, wenn der Himmel wolkenlos ist, sehen wir ihn.
Was weißt du eigentlich über diesen Begleiter der Erde?

1. Der Mond ist hell und für uns sichtbar, weil ...	er selber leuchtet (A)	ihn die Sonne anstrahlt (N)	es dort dauernt brennt (U)
2. Der Mond kreist um die Erde in ...	27,3 Tagen (E)	365 Tagen (L)	24 Stunden (D)
3. Von der Erde aus sehen wir ... die gleiche Seite des Mondes.	alle 7 Tage (E)	immer (I)	einmal im Jahr (O)
4. Die uns zugewandte Seite des Mondes wir dann nicht von der Sonne beleuchtet.	Nixmond (X)	Dunkel-kammer (N)	Neumond (L)
5. Der voll beleuchtete Mond heißt ...	Ganzmond (E)	Vollmond (A)	Mondlicht (U)
6. Die großen dunklen Becken auf dem Mond heißen ...	Seen (U)	Meere (R)	Lacken (T)
7. Der Mond ist im Vergleich zur Erde ...	kleiner (M)	gleich groß (H)	größer (I)
8. Durch die Anziehugskraft des Mondes entstehen die Gezeiten. Sie heißen ...	Hebe und Gut (A)	Ebbe und Flut (S)	Nebel und Glut (V)
9. Wenn der Mond in den Erdschatten tritt, sieht man ihn nicht mehr. Das ist die ...	Sonnen-finsternis (M)	Erdfinsternis (I)	Mondfinsternis (T)
10. Wasser ist auf dem Mond ..	reichlich vorhanden (K)	gar nicht vorhanden (R)	als Eis vorhanden (L)
11. Der erste Astronaut auf dem Mond war ...	Russe (A)	Schwede (S)	Amerikaner (O)
12. Auf dem Mond gibt es keine Luft, in der sich Schall ausbreiten könnte, daher ist es auf dem Mond ...	still (N)	geruchlos (I)	finster (B)
13. Der Mond heißt auf lateinisch ...	Bella (T)	Terra (K)	Luna (G)

Aufgabe: *Wenn du jeweils die richtige Antwort angekreuzt hast, erhältst du als Lösungswort den Namen des Mannes, der als erster seinen Fuß auf den Mond gesetzt hat.*

Lösungswort: ____________ ______________________________

KOHL VERLAG Rätselblätter Physik
Kopiervorlagen für die Sekundarstufe – Bestell-Nr. 12 290

41 Jahr und Tag

D	R	E	I	E	S	O	D	E	N	N	E

Aufgaben:

a) *In einem Jahr umkreist die _ _ _ _ _ _ _ _ _ _ _ _,*
genauer gesagt in 365,25 Tagen.

Um den Unterschied zum Kalenderjahr von 365 Tagen auszugleichen, kommt alle vier Jahre ein zusätzlicher Tag (Schalttag) dazu. In einem Schaltjahr hat der Februar 29 statt 28 Tage.

b) Erde und Mond bewegen sich um die Sonne. Gleichzeitig wandert der Mond auch um die Erde herum. Dazu benötigt er 27,3 Tage. Der Rhythmus von Neumond zu Neumond (29,5 Tage) ist Grundlage für unsere zwölf Monate.

Findest du alle Monate?

A	U	G	U	S	T	T	J	G	T	J
H	E	R	B	S	Z	M	Ä	R	Z	A
S	O	M	M	A	D	E	N	O	A	N
J	H	B	L	A	Z	R	N	K	B	U
U	M	I	O	P	H	V	E	T	E	A
L	F	E	B	R	U	A	R	O	N	R
I	F	R	E	I	Z	E	I	B	D	N
T	A	G	E	L	Z	U	H	E	S	G
S	E	P	T	E	M	B	E	R	O	O
W	I	N	T	T	T	E	R	U	M	J
G	N	O	V	E	M	B	E	R	M	U
D	E	Z	E	M	B	E	R	M	I	N
T	A	G	E	S	T	Z	F	M	A	I

c) *Die Erde dreht sich in ___ Stunden*
1-mal um die eigene Achse.

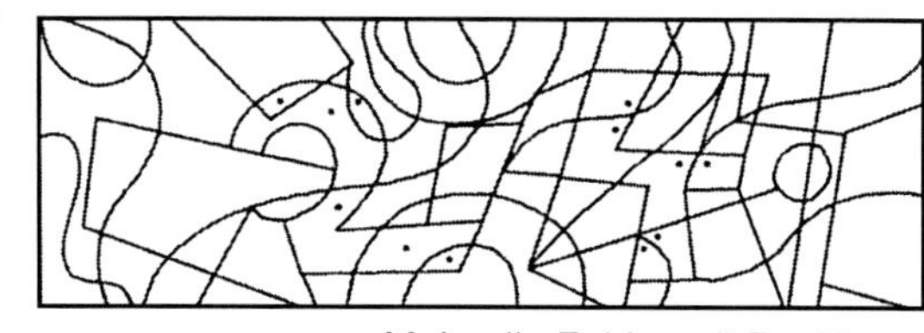

Male alle Felder mit Punkt an.

Sie wird immer nur auf einer Seite von der Sonne beleuchtet.
Auf dieser Seite ist dann Tag, auf der anderen Nacht.

42 Raumfahrt

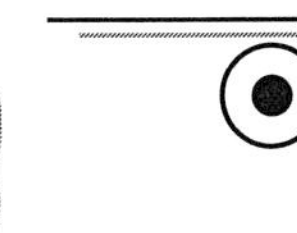

Bemannte und unbemannte Raumfahrten haben der Menschheit viele wissenschafliche Erkenntnisse über den Weltraum und die Planeten eingebracht. Raumfahrten können aber auch für Klimastudien und Untersuchungen von Umwelteinflüssen unternommen werden. Auch für Kommunikation und Navigation (Satellitentechnologie) ist die Raumfart von großer Bedeutung. Viele Werkstoffe und technische Verfahren, die speziell für die Raumfahrt entwickelt worden sind, leisten später oft auch auf der Erde gute Dienste (z. B. einige elektronische Bauteile, Medikamente und hitzebeständige Kunststoffe).

Auch die militärische Nutzung der Raumfahrt ist nicht zu vergessen.

Hier findest du einen kurzen geschichtlichen Überblick über die Raumfahrt. Er ist etwas durcheinander geraten.

Aufgabe: *Schneide die einzelnen Streifen aus und klebe sie in der richtigen Reihenfolge zusamen. Wie lautet das Lösungswort?*

____

E	1999 scheitern zwei milliardenteure Marsmissionen wegen Berechnungsfehlern. (Man verwechselt Meilen mit Kilometern)
W	Der Russe Juri Gagarin ist 1961 der erste Mensch im All.
I	Die sowjetische Raumstation "Mir" (Friede) wird 1986 in Betrieb genommen. Bis zu ihrer Außerbetriebnahme 2001 war sie ständig besetzt.
R	Die erste bemannte Mondlandung findet 1969 mit der Apollo 11 statt. Die Astronauten Neil Amstrong und Edwin Aldrin bringen Mondgestein mit.
O	1977 beginnen "Voyager1" und "2" ihre Reise zu den äußeren Planeten.
T	2001 reist der erste Weltraumtourist ins All.
L	"Skylab" ist die erste bemannte amerikanische Raumstation (1973).
K	"Pathfinder-Mission" der NASA 1997. Die Marsoberfläche wird von einem Fahrzeug untersucht und fotografiert.
E	1971 landet die "Mars 3" auf dem Mars.
S	Neue Monde und die Ringe um den Saturn werden 1979 entdeckt.
G	Das Weltraumteleskop "Hubble" wird 1990 in 595 km Höhe auf der Erdumlaufbahn platziert.
SCH	1957 startet der erste Satellit ins All. Das erste Lebewesen in der Erdumlaufbahn ist die Hündin Laika.
E	1962 umkreist John Glenn als erster Amerikaner die Erde.
I	Mittels Radar-Technologie wird im Jahr 2000 die Erdoberfläche untersucht, die genaueste digitale dreidimensionale Karte der Erde wird erstellt.

Rätselblätter Physik
Kopiervorlagen für die Sekundarstufe – Bestell-Nr. 12 290

LÖSUNGEN

1 Die Physik und ihre Teilgebiete

Die Physik ist wie Chemie, Biologie, Geographie, Astronomie usw. eine Naturwissenschaft. Sie untersucht vor allem durch experimentelle Erforschung und messende Erfassung die Naturgesetze.

Ä = AE
Ü = UE

Man unterscheidet verschiedene Teilgebiete der Physik.

Aufgabe: *Entziffere die Geheimschrift, dann weißt du wie sie heißen.*

Geheimschrift		
	Lehre vom Licht	**Optik**
	Lehre vom Schall	**Akustik**
	Lehre von den Bewegungen der Körper und dem Einfluss äußerer Kräfte	**Mechanik**
	Lehre vom Verhalten physikalischer Systeme bei Temperaturänderung	**Wärmelehre**
	Lehre von den magnetischen Erscheinungen	**Magnetismus**
	Lehre von den Erscheinungen, die von elektrischen Ladungen und Strömen hervorgerufen werden	**Elektrizitätslehre**
	Lehre von der Atomhülle und der in ihr ablaufenden Vorgänge	**Atomphysik**

Zu schwierig? Hier ein paar Lösungshilfen.

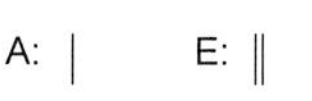

A: | E: ||

B: ┼ F: ╫

Für die Vokale A, E, I, O, U stehen die senkrechten Striche.

P H Y S I K

2 Physikalische Namensgeber

Hier findest du berühmte Physiker, deren Namen zu Maßeinheiten wurden.

Aufgabe: *Verbinde jeden Namensgeber und die nach ihm benannte Einheit mit der dazugehörigen physikalischen Größe durch einen geraden Strich. Nimm ein Lexikon zu Hilfe.*

Alle Buchstaben, die **nicht** auf Verbindungslinien liegen, ergeben von oben nach unten gelesen das Lösungswort.

Namensgeber / Einheit		Physikalische Größe
André Marie Ampère **Ampere (A)**	(E)	**elektrische Kapazität (C)**
Antoine Henri Becquerel **Becquerel (Bq)**		**Frequenz (f)**
Charles Augustin de Coulomb **Coulomb (C)**	(X)	**Aktivität** (einer radioaktiven Substanz) **(A)**
Anders Celsius **Grad Celsius (°C)**		**Temperatur (T)**
Michael Faraday **Farad (F)**	(P)	**elektrische Stromstärke (I)**
Joseph Henry **Henry (H)**	(E)	**elektrischer Widerstand (R)**
Heinrich Hertz **Hertz (Hz)**	(R)	**elektrische Ladung (Q)**
James Prescott Joule **Joule (J)**	(I)	**Induktivität (L)**
Sir Isaac Newton **Newton (N)**		**Kraft (F)**
Georg Simon Ohm **Ohm (Ω)**	(M) (E)	**Leistung (P)**
Blaise Pascal **Pascal (Pa)**		**Arbeit (W)**
Alessandro Volta **Volt (V)**	(N)	**Druck (p)**
James Watt **Watt (W)**	(T)	**elektrische Spannung (U)**

3 Bedeutende Erfindungen

Aufgabe: *Welche herausragenden Erfindungen sind den folgenden Männern zuzuschreiben?*

a) Thomas Alva Edison
b) Die Brüder Wright
c) Benjamin Franklin
d) George Stephenson
e) Viktor Kaplan
f) Josef Ressel
g) Die Brüder Montgolfier
h) Carl Benz
i) Rudolf Diesel
j) Graham Bell
k) Antoine Joseph Sax
l) Alfred Nobel
m) Galileo Galilei
n) John Dunlop
o) Samuel Morse

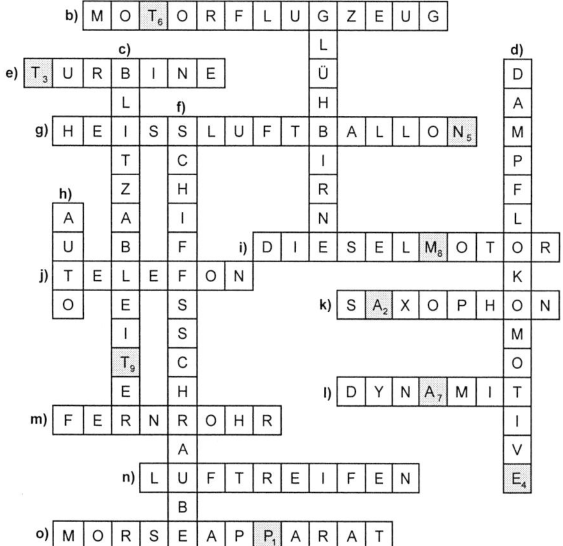

Das **Lösungswort** ergibt sich aus den grau unterlegten Buchstaben.

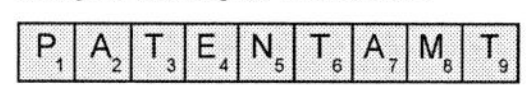

4 Maßeinheiten

Aufgabe: a) *Kreuze an, was als Einziges in Frage kommt.*

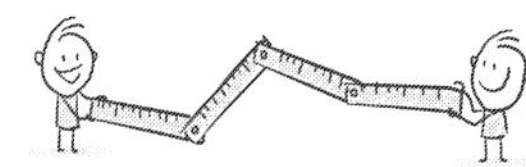

	Einheit	Meßgerät
Länge	X Zentimeter **1** 0 Kelvin **2** 0 Milligramm **3**	0 Thermometer **4** X Lineal **5** 0 Wasserwaage **6**
Fläche	0 Kilogramm **7** 0 Kilometer pro Stunde **8** X Quadratmeter **9**	X Zollstock und Berechnung **10** 0 Uhr **11** 0 Amperemeter **12**
Volumen	X Liter **13** 0 Sekunde **14** 0 Gramm **15**	0 Tachometer **16** 0 Schieblehre **17** X Messzylinder **18**
Dichte	0 Meter pro Sekunde **19** 0 Kilometer pro Stunde **20** X Gramm pro cm^3 **21**	0 Balkenwaage **22** X Aräometer **23** 0 Barometer **24**
Kraft	0 Jahr **25** X Newton **26** 0 Millimeter **27**	0 Voltmeter **28** 0 Fieberthermometer **29** X Federkraftmesser **30**
Zeit	X Sekunden **31** 0 Knoten **32** 0 Zentimeter **33**	0 Waage **34** X Uhr **35** 0 Lineal **36**
Masse	0 Bar **37** 0 Kubikmeter **38** X Kilogramm **39**	0 Messzylinder **40** X Balkenwaage **41** 0 Kompass **42**
Druck	X Bar **43** 0 Dioptrie **44** 0 Ampere **45**	0 Geiger-Müller-Zählrohr **46** X Barometer **47** 0 Geodreieck **48**
Temperatur	0 Gramm **49** X Grad Celsius **50** 0 Dezimeter **51**	X Thermometer **52** 0 Tachometer **53** 0 Waage **54**
Spannung	0 Ohm **55** X Volt **56** 0 Becquerel **57**	0 Amperemeter **58** X Voltmeter **59** 0 Messzylinder **60**
Stromstärke	0 Fahrenheit **61** 0 Watt **62** X Ampere **63**	0 Federkraftmesser **64** 0 Manometer **65** X Amperemeter **66**
Geschwindigkeit	X Kilometer pro Stunde **67** 0 Joule **68** 0 Gramm pro Kubikzentimeter **69**	0 Uhr **70** X Tachometer **71** 0 Briefwaage **72**

b) *Verbinde die erhaltenen Lösungsnummern.*

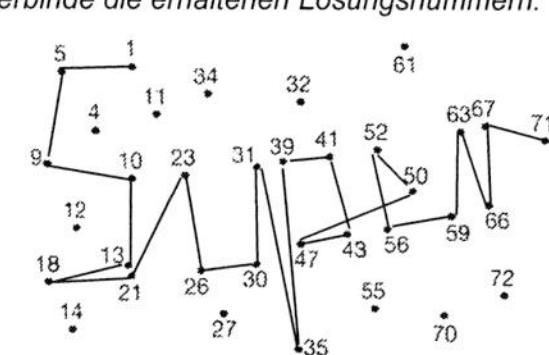

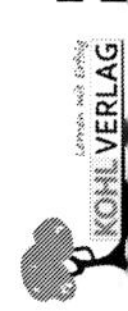

LÖSUNGEN

5 Manches hält . . .

1) Diesen Magneten kann man ein- und ausschalten.
2) Durch sie wird Magnetismus zerstört.
3) Diese Magnetform erinnert an den Fuß vom Pferd.
4) natürlicher Magnet
5) ferromagnetischer Stoff (lat. Bezeichnung *Ferrum*)
6) Der nach Süden weisende Pol eines drehbar gelagerten Magneten heißt . . .
7) Dieses Gerät mit Magnetnadel hilft dir bei der Orientierung.
8) Mit ihnen kann man die magnetischen Kraftlinien sichtbar machen.
9) In magnetischem Stahl sind die Elementarmagnete . . .
10) ein weiterer ferromagnetischer Stoff (Ni)
11) Stellen der stärksten Anziehungskraft bei einem Magneten.
12) . . . Pole ziehen einander an.
13) Und das ist der dritte ferromagnetische Stoff.
14) Rund um einen Magneten wirkt das . . .
15) Sie ist ein riesiger aber schwacher Magnet.

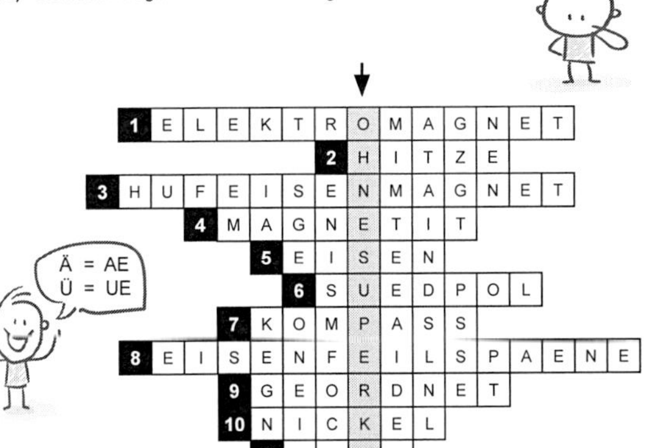

Lösungswort: OHNE SUPERKLEBER

6 Chaos am Kompass

Bei Wanderungen hilft ein Kompass, sich zu orientieren. Die Magnetnadel dreht sich immer in Nord-Süd-Richtung. Auf der Windrose sind die Himmelsrichtungen gekennzeichnet.

Auch Kolumbus nahm bei seinen Entdeckungsfahrten schon den Kompass zu Hilfe. Mit dieser Windrose hätte er allerdings keine Freude gehabt.

Aufgabe: *Schneide die einzelnen Teile an der gestrichelten Linie aus und lege sie richtig zusammen.*

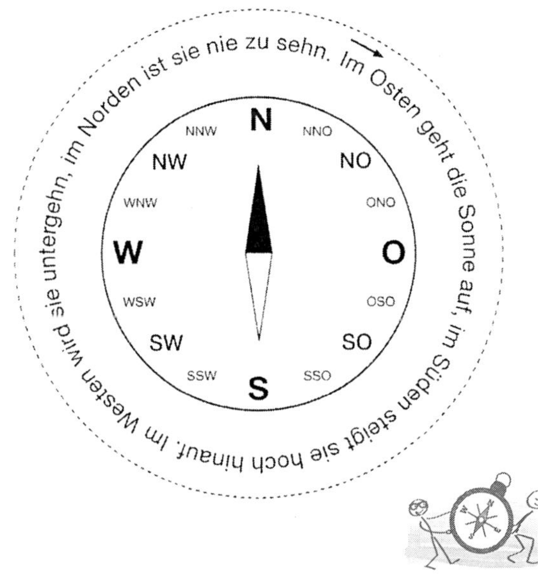

7 Grrr... – Die *elektrische* Klingel

So funktioniert die Klingel:
Durch Drücken des Klingelknopfs wird der Stromkreis geschlossen.
Strom fließt durch die Spule und magnetisiert ihren Eisenkern. Der so enstandene Elektromagnet zieht den Anker an, sodass der Klöppel auf die Glocke schlägt.
Gleichzeitig wird der Kontakt und damit der Stromkreis unterbrochen. Der Elektromagnet verliert seine Wirkung. Der Klöppel schwingt in seine Ausgangsposition zurück, dadurch schließt sich der Kontakt und es fließt wieder Strom.
Dieser Vorgang wiederholt sich so lange, bis der Klingelknopf losgelassen wird.

Aufgabe: a) *Wie heißen die Teile der Klingel?*

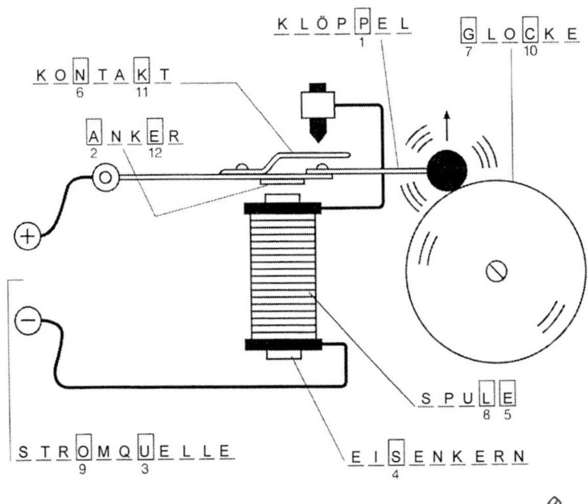

b) *Wessen Klang hörst du gern?*

PAUSENGLOCKE
1 2 3 4 5 6 7 8 9 10 11 12

8 Der *elektrische* Strom

1) Aus ihr kommt Strom. Sie hat 230 V.
2) Bestandteil des Stromkreises, mit dem man den elektrischen Strom als Energiequelle nutzen kann.
3) I steht in Gleichungen für die .....
4) Strom kann nur dann fließen, wenn der Stromkreis ..... ist.
5) Kleiner Verbraucher, der bei einfachen Versuchen eingesetzt wird.
6) Stoff, der elektrischen Strom durchlässt.
7) Dafür steht das Symbol U.
8) Beabsichtigter Unterbrecher im Stromkreis.
9) Netzunabhängiger und nicht aufladbarer Stromlieferant.
10) Sie liefert im Stromkreis stets den elektrischen Strom.
11) Einheit für die Stromstärke.
12) Messgerät für die Spannung.

Lösungswort: TASCHENLAMPE

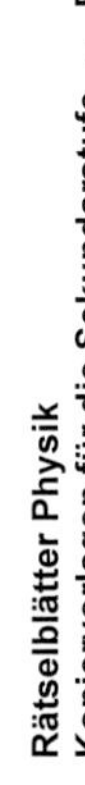

LÖSUNGEN

9 *Elektrische* Geräte

Ein Leben ohne die Vorteile der Elektrizität können wir uns heute kaum noch vorstellen. Mithilfe von elektrischen Geräten und Maschinen können viele Arbeiten schnell und leicht ausgeführt werden, die Menschen früher viel Mühe gekostet haben. Man denke nur an die zahlreichen Haushaltgerät, welche die Arbeit erleichtern.

Aufgabe:
Im Suchgitter sind 21 elektrische Geräte versteckt. *Findest du sie alle?*

E	B	O	H	R	M	A	S	C	H	I	N	E	B	T	O	T	M
N	Ü	F	R	A	M	D	T	O	A	S	T	E	R	Ä	C	R	E
I	G	W	K	M	T	R	A	D	I	O	E	F	T	R	D	E	L
H	E	A	U	I	B	M	U	O	K	O	Z	D	E	E	P	N	K
C	L	S	T	X	V	G	B	Ö	G	K	A	E	L	G	L	N	M
S	E	I	F	E	R	N	S	E	H	E	R	T	E	X	A	A	A
A	I	Ü	G	R	J	L	A	B	N	M	F	R	F	A	Y	C	S
M	S	K	C	O	M	P	U	T	E	R	I	W	O	F	E	S	C
E	E	P	M	A	L	T	G	D	F	A	N	E	N	L	R	O	H
E	N	Z	G	V	I	D	E	O	R	E	K	O	R	D	E	R	I
F	R	Y	D	N	A	H	R	H	U	I	R	H	U	W	A	I	N
F	W	A	S	C	H	M	A	S	C	H	I	N	E	J	L	Ö	E
A	D	K	L	N	H	Ö	F	A	E	G	Ä	S	S	I	E	R	K
K	M	I	K	R	O	W	E	L	L	E	N	H	E	R	D	W	Q

Bohrmaschine	Handy	Radio
Bügeleisen	Kaffeemaschine	Scanner
CD-Player	Kreissäge	Staubsauger
Computer	Lampe	Telefon
Faxgerät	Melkmaschine	Toaster
Fernseher	Mikrowellenherd	Videorecorder
Föhn	Mixer	Waschmaschine

10 Der *elektrische* Widerstand

Der Begriff **elektrischer Widerstand** hat zwei Bedeutungen:

1. **physikalische Größe**, die angibt, wie stark der Stromfluss in einem Leiter behindert wird.
2. **Bauteil**, bei dem vorrangig diese physikalische Größe in Erscheinung tritt.

1) Dieses Metall hat einen sehr geringen Widerstand und wird daher für elektrische Leitungen eingesetzt.
2) Die Einheit des elektrischen Widerstands ist .....
3) Festwiderstände sind geformt wie ein .....
4) Der Widerstand beeinflusst die .....
5) Ein stetig regelbarer elektrischer Widerstand zum Abgreifen von Teilwiderständen heißt .....
6) Ein Fotowiderstand (LDR) ist ein Halbleiterbauelement, dessen elektrischer Widerstand ..... ist.
7) Ohmsches Gesetz: elektrischer Widerstand = $\frac{\text{elektrische ?}}{\text{elektrische Stromstärke}}$
8) Im Haushalt stellt jedes elektrische ..... einen Widerstand dar.
9) Bei Metallen wächst der Widerstand in der Regel mit steigender .....
10) Sie zeigen den Wert eines Festwiderstandes an.

						1	K	U	P	F	E	R					
						2	O	H	M								
		3	Z	Y	L	I	N	D	E	R							
	4	S	T	R	O	M	S	T	Ä	R	K	E					
				5	P	O	T	E	N	T	I	O	M	E	T	E	R
	6	L	I	C	H	T	A	B	H	Ä	N	G	I	G			
			7	S	P	A	N	N	U	N	G						
		8	G	E	R	Ä	T										
9	T	E	M	P	E	R	A	T	U	R							
10	F	A	R	B	R	I	N	G	E								

Als **Lösungswort** erhältst du ein Metall mit sehr großem Widerstand.

KONSTANTAN

11 Elektonik-Bastelgitter

Einige elektronische Bauelemente enthalten Stoffe wie Silicium oder Germanium, die eine Zwischenstellung zwischen elektrischen Leitern und Isolatoren einnehmen. Anders als bei metallischen Leitern verbessert sich ihre Leitfähigkeit mit zunehmender Temperatur.

Aufgabe: *Wie heißt die Technologie die solche Bauelemente nutzt?*

P				E	[5]L	E	[20]K	T	R	O	N	
N					D		O					
P	[15]T	C			R		N					[4]B
	R						D					R
M	A	G	N	[9]E	T	F	E	[3]L	D			A
	N		T				N		[19]I			N
	S		C		O		S		O			D
	[7]I				[1]H		A		D			M
	S	T	[16]R	O	M	S	[8]T	A	[6]E	R	[14]K	E
	T						O					[12]L
	[17]O		W	I	D	[11]E	R	S	T	A	N	D
	R						[13]E					E
			S	P	[2]A	N	N	U	[18]N	G		[10]R

LDR • NTC • OHM • PNP • PTC • DIODE • ELEKTRON
SPANNUNG • MAGNETFELD • TRANSISTOR • WIDERSTAND
BRANDMELDER • STROMSTAERKE • KONDENSATOREN

Lösungswort:

H	A	L	B	L	E	I	T	E	R	E	L	E	K	T	R	O	N	I	K
1	2	3	4	5	6	7	8	9	10	11	12	13	14	15	16	17	18	19	20

12 Rund um die Diode

Aufgabe: *Wenn du die richtigen Buchstaben einkreist, bekommst du Antwort auf die Scherzfrage.*

Warum summt die Biene?

Ja oder nein?

Weil sie den **Text vergessen hat.**

	Ja	Nein
Die Diode ist ein häufig verwendetes elektronisches Bauelement.	(T)	H
Leuchtdioden leuchten nur, wenn es dunkel ist.	O	(E)
Das Gerät, mit dem man zeigen kann, dass eine Diode eine pulsierende Gleichspannung erzeugt, heißt Oszilloskop.	(X)	N
Auch unter dem Mikroskop ist die pulsierende Gleichspannung deutlich zu erkennen.	I	(T)
LED heißt leicht explosive Diode.	G	(V)
Eine Diode ist ein Polungsanzeiger, weil sie immer nach Norden zeigt.	B	(E)
In jedem Mobiltelefon befinden sich Dioden.	(R)	P
Silicium ist ein Halbleiter.	(G)	V
Das Element Silicium ist ein Edelgas und daher in der 8. Hauptgruppe zu finden.	O	(E)
Bei tiefen Temperaturen ist Silicium ein Nichtleiter, weil es dann keine freien Elektronen hat.	(S)	N
Einen Halbleiter mit Elektronenüberschuss nennt man p-Leiter.	T	(S)
Die Leitfähigkeit von Silicium kann sich durch Wärme, Lichtenergie oder Einbau von Fremdatomen erhöhen.	(E)	A
Durchlassrichtung + o—▷|—o -	(N)	L
Sperrrichtung + o—|◁—o -	X	(H)
Die Elektronen fließen vom positiven zum negativen Pol.	K	(A)
Eine Halbleiterdiode formt Wechselstrom in Gleichstrom um und wird daher Gleichrichter genannt.	(T)	D

Rätselblätter Physik
Kopiervorlagen für die Sekundarstufe – Bestell-Nr. 12 290
KOHL VERLAG

LÖSUNGEN

13 Elektronik-Rätsel

1) Er dient zum Öffnen oder Schließen des Stromkreises.
2) Einheit der Spannung.
3) Strom, der nur in eine Richtung fließt.
4) Schaltet man eine Diode in einen Wechselstromkreis, entsteht eine ... Gleichspannung.
5) Wie viele Anschlüsse hat ein Transistor (mindestens)?
6) Diode, die Licht aussendet (Abkürzung).
7) Die Diode wirkt wie ein ...
8) Einer der Anschlüsse eines Transistors.
9) Was gibt der letzte Farbring eines Widerstandes an?
10) Wird berechnet mit der Formel $\frac{U}{R} = I$

1	SCHALTER
2	VOLT
3	GLEICHSTROM
4	PULSIERENDE
5	DREI
6	LDR
7	VENTIL
8	EMITTER
9	TOLERANZ
10	STROMSTÄRKE
11	HALBLEITER
12	WIDERSTAND
13	POLPRÜFER
14	CHIPS
15	HANDY
16	KONDENSATOR
17	FARBRINGE
18	OSZILLOSKOP
19	NTC
20	DIODE
21	TRANSISTOR
22	POTENTIOMETER

11) Stoff, der nur unter bestimmten Umständen den elektrischen Strom leitet (z. B. Silicium).
12) Bauteil, das die Stromstärke begrenzt und damit andere Bauteile vor Zerstörung schützt.
13) Gerät, das aus zwei gegeneinander geschalteten Dioden besteht und die anliegende Netzspannung schnell nachweisen kann.
14) Winzige Halbleiter-Plättchen, auf denen Schaltkreise mit hunderten von elektronischen Bauelementen untergebracht sind.
15) Handliches elektronisches Gerät, das bei vielen schon in der Tasche piept.
16) Bauelement, das Ladungsenergie speichern kann.
17) Bunte ... geben den Widerstandswert an.
18) Gerät, mit dem man elektrische Schwingungen sichtbar machen kann.
19) Widerstand, der beim Erhitzen kleiner wird (Abkürzung).
20) Halbleiterbauelement, das aus zwei unterschiedlich dotierten Schichten besteht (siehe Beispiel)
21) Dieses Halbleiterbauelement findet als Schalter oder Verstärker Verwendung (pnp- oder npn-...).
22) regelbarer Widerstand.

Lösungswort: ALLERLETZTERPHYSIKTEST

14 Der Hebel – ein einfaches Werkzeug

Schon sehr früh haben Menschen erkannt, dass sie sich mit Werkzeugen die Arbeit erleichtern können. Eines der einfachsten Werkzeuge ist der Hebel. Wir alle verwenden täglich die verschiedensten Hebel.

1) Einfachster Hebel.
2) Stelle eines Hebels, die bei seiner Verwendung in Ruhe bleibt.
3) Wenn man den längeren Hebelarm betätigt, erzielt man, "wirtschaftlich" gesehen, eine .....
4) Ein Hebel, bei dem alle Kräfte nur auf einer Seite des Drehpunkts wirken, ist .....
5) Einseitiger Hebel, dem du täglich die Hand reichst.
6) Hebel, die als Geräte auf jedem Spielplatz zu finden sind.
7) Kraft mal Kraftarm gleich Last mal .....
8) Eine leere Balkenwaage ist ein zweiseitiger Hebel im .....
9) Hebel wie Schraubenschlüssel und Zange gehören dazu.
10) Griechischer Physiker, der das Hebelgesetz entdeckte.
11) Zweiseitiger Hebel, mit dem man Papier schneiden kann.

1	STANGE
2	DREHPUNKT
3	KRAFTERSPARNIS
4	EINSEITIG
5	TÜRKLINKE
6	WIPPEN
7	LASTARM
8	GLEICHGEWICHT
9	WERKZEUG
10	ARCHIMEDES
11	SCHERE

Lösungswort: NUSSKNACKER

15 Rund ums Fahrrad

Fast überall auf der Welt fahren Menschen Fahrrad. Es gibt ungefähr doppelt so viele Fahrräder wie Autos.

Aufgabe: a) *Beschrifte die Teile des Fahrrades.*

Die umrahmten Buchstaben ergeben das **Lösungswort:** R I K S C H A (1 2 3 4 5 6 7)

So heißt der zweirädrige Wagen aus Asien, der von einem Menschen (häufig mithilfe eines Fahrrades oder Motorrades) gezogen wird.

b) *Kennst du noch weitere besondere Zweiräder?*
Klapprad, Tandem, Roller, E-Bike ...

16 Geschichte des Automobils

Aufgabe: *Schneide die Zeitstreifen aus und bringe sie in die richtige Reihenfolge.*

Lösungswort: NÜRBURGRING

N	Carl Friedrich Benz konstruiert 1885 ein knatterndes Motordreirad.
Ü	Der Schotte John Dunlop erfindet 1888 den Luftreifen.
R	In Frankreich findet 1894 das erste Autorennen statt (durchschnittliche Geschwindigkeit: 17 km/h).
B	Rudolf Diesel stellt seinen Dieselmotor 1897 der Öffentlichkeit vor.
U	Die beiden Engländer Charles Stewart Rolls und Frederich Henry Royce stellen 1906 ihre Autoserie Rolls-Royce (40 PS) vor.
R	Henry Ford lässt erstmals 1908 ein Auto am Fließband fertigen, den Ford T.
G	1921 wird in Berlin die erste Autobahn (nur 11 km lang) fertiggestellt. Die so genannte Avus gilt damals als schnellste Automobilrennstrecke der Welt.
R	Das erste Autoradio Europas wird 1932 in ein Auto eingebaut. Es nimmt so viel Platz ein wie ein Mitfahrer.
I	1935 wird der erste Prototyp des Volkswagens (Käfer) fertiggestellt.
N	Das erste internationale Rennen der Formel-1-Klasse findet 1950 in Frankreich statt.
G	1979 wird der Katalysator eingeführt, um den Schadstoffgehalt der Autoabgase zu verringern.

LÖSUNGEN

17 Vom Fliegen

Schon lange träumen Menschen davon, selber fliegen zu können. 1891 baute ein Deutscher ein Segelflugzeug aus Bambus, das mit Baumwolle bezogen war und zwanzig Kilo wog. Er befestigte es an seinen Unterarmen und steuerte es durch die Lüfte. Im Laufe seines Lebens führte er so etwa zweitausend Gleitflüge durch.

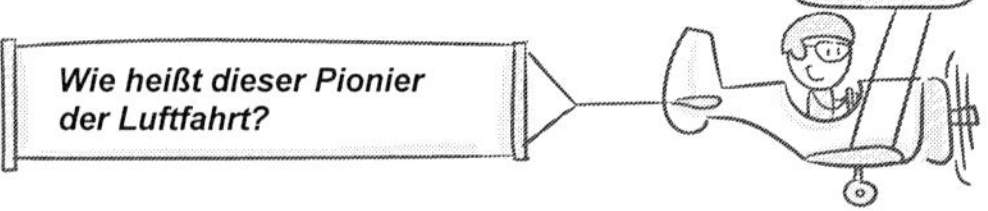

Aufgabe: *Verbinde die passenden Wortteile durch einen geraden Strich miteinander. Die Buchstaben, die auf den Verbindungslinien liegen, ergeben - von oben nach unten gelesen - das Lösungswort.*

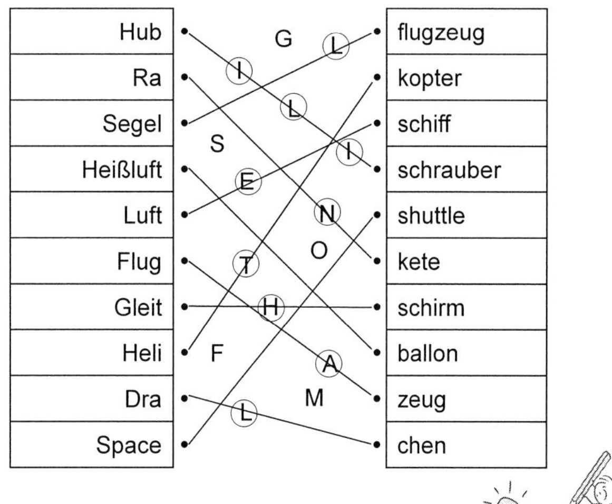

Lösungswort: L I L I E N T H A L

18 Schneller als das Auge ...

Aufgabe: *Kreuze jeweils den Buchstaben der richtigen Antwort an. Wenn du alle elf richtig hast, erhältst du ein zukunftsträchtiges Lösungswort.*

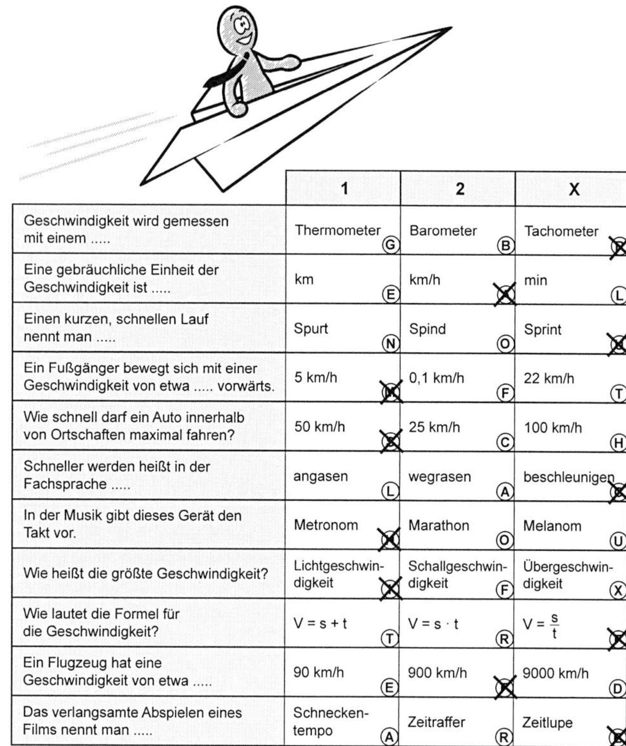

	1	2	X
Geschwindigkeit wird gemessen mit einem	Thermometer (G)	Barometer (B)	Tachometer (R) ✗
Eine gebräuchliche Einheit der Geschwindigkeit ist	km (E)	km/h (A) ✗	min (L)
Einen kurzen, schnellen Lauf nennt man	Spurt (N)	Spind (O)	Sprint (U) ✗
Ein Fußgänger bewegt sich mit einer Geschwindigkeit von etwa ..... vorwärts.	5 km/h (M) ✗	0,1 km/h (F)	22 km/h (T)
Wie schnell darf ein Auto innerhalb von Ortschaften maximal fahren?	50 km/h (S) ✗	25 km/h (C)	100 km/h (H)
Schneller werden heißt in der Fachsprache	angasen (L)	wegrasen (A)	beschleunigen (C) ✗
In der Musik gibt dieses Gerät den Takt vor.	Metronom (H) ✗	Marathon (O)	Melanom (U)
Wie heißt die größte Geschwindigkeit?	Lichtgeschwindigkeit (I) ✗	Schallgeschwindigkeit (F)	Übergeschwindigkeit (X)
Wie lautet die Formel für die Geschwindigkeit?	V = s + t (T)	V = s · t (R)	$V = \frac{s}{t}$ (F) ✗
Ein Flugzeug hat eine Geschwindigkeit von etwa	90 km/h (E)	900 km/h (F) ✗	9000 km/h (D)
Das verlangsamte Abspielen eines Films nennt man	Schneckentempo (A)	Zeitraffer (R)	Zeitlupe (E) ✗

Lösungswort: R A U M S C H I F F E

19 Kräfte

1) Kräfte werden in der Physik mithilfe von ..... dargestellt.
2) Man kann Kräfte nicht sehen man kann sie nur an ihren ..... erkennen.
3) Einheit der Kraft.
4) Dieses Teilgebiet der Physik untersucht u. a. die Bewegung von Körpern sowie Kräfte und ihre Wirkungen.
5) Jede Kraft bewirkt eine gleich große .....
6) Teile des Körpers von Mensch und Tier u. a. für Krafteinsätze.
7) Gegenkraft, die der Raketenantrieb erzeugt.
8) Kraft, mit der ein Körper von der Erde angezogen wird.
9) Elastisches Metallteil im Kraftmesser.
10) Die Pfeilspitze gibt die .... der Kraft an.
11) Anderes Wort für Erdanziehungskraft.
12) Auf einen Körper mit einer Masse von einem Kilo wirkt eine Gewichtskraft von rund ..... Newton.
13) Eine Kraft kann einen Bewegungszustand ändern oder einen Körper .....

Lösungswort: F I T N E S S C E N T E R

20 Über- oder Unterdruck?

Herrscht in einem Gefäß oder in einem physikalischen System ein Druck, der kleiner als der außen herrschende Druck ist, so spricht man von **Unterdruck**. Als **Überdruck** wird demgegenüber der Teil des Drucks in einem physikalischen System bezeichnet, der den außen herrschenden Druck übersteigt.

Aufgabe: *Kreuze jeweils an, ob hier ein Unterdruck oder ein Überdruck vorliegt, und du erhältst einen coolen Spruch.*

	Unterdruck?	Überdruck?
Trinken mit Trinkhalm	☒ Die	0 Der
aufgeblasener Luftballon	0 schöns	☒ Klas
Heißluftballon	☒ sen	0 te
Vakuumverpackung	☒ ar	0 weg
Presslufthammer	0 Mann	☒ beit
Aufziehen einer Spritze	☒ ist	0 tu
Spraydosen	0 un	☒ ver
Hochpumpen von Grundwasser	☒ saut,	0 ter,
Luftkissenfahrzeug	0 weil	☒ wenn
Haken mit Saugnapf	☒ ei	0 je
Luft im Autoreifen	0 der	☒ ner
aufgeblasene Luftmatratze	0 und	☒ dir
Magdeburger Halbkugeln	☒ den	0 das
Pipette	☒ Spi	0 Ess
Aufpumpen mit Fahrradpumpe	0 ker	☒ cker
Sodawasserflasche	0 will!	☒ klaut!

Lösungsspruch: Die Klassenarbeit ist versaut, wenn einer dir den Spicker klaut!

LÖSUNGEN

21 Eigenschaften von Körpern

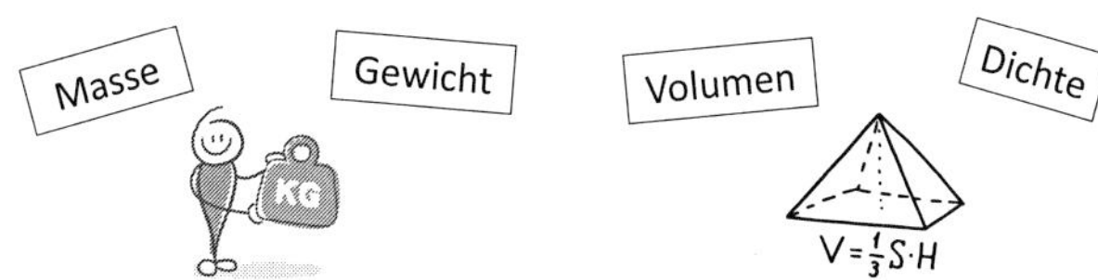

Aufgabe: a) *Schneide die Puzzleteile aus und klebe sie dann richtig aneinander.*
b) *Schreibe die fünfzehn Merksätze und Formeln noch einmal darunter, damit du sie dir einprägen kannst.*

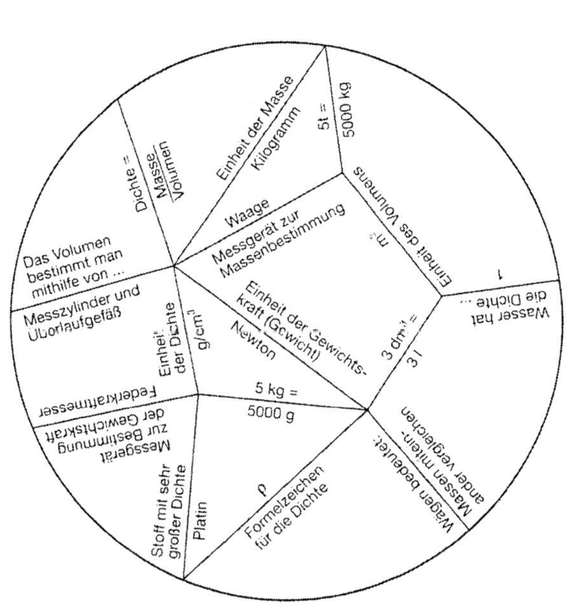

22 Druck und Auftrieb in Flüssigkeiten

Als das Wasser bei seinem Einstieg aus seiner vollen Badewanne floss, rief er: *"Heureka – ich hab's gefunden!"*, sprang heraus und lief splitternackt und freudestrahlend durch den Palast des Königs Hieron von Syrakus. Jetzt wusste er, wie er das Volumen von ungleichmäßigen Gegenständen messen konnte. Durch weitere Experimente fand er noch heraus, dass Gegenstände im Wasser eine Kraft nach oben erfahren, die nicht mit ihrem Gewicht, sondern mit ihrem Volumen in Zusammenhang steht. Mithilfe der Erkenntnisse konnte der Forscher das Problem des Königs Hieron von Syrakus lösen, der wissen wollte, ob seine neue Krone wirklich aus purem Gold bestand. Er brauchte dazu nur noch einen Goldklumpen, der das gleiche Gewicht hatte wie die Krone .....

Aufgabe: *Wie hieß der bekannte Grieche, der 250 v. Chr. wichtige Erkenntnisse über Druck und Auftrieb in Flüssigkeiten gewonnen hat?*

Lösungswort: ARCHIMEDES

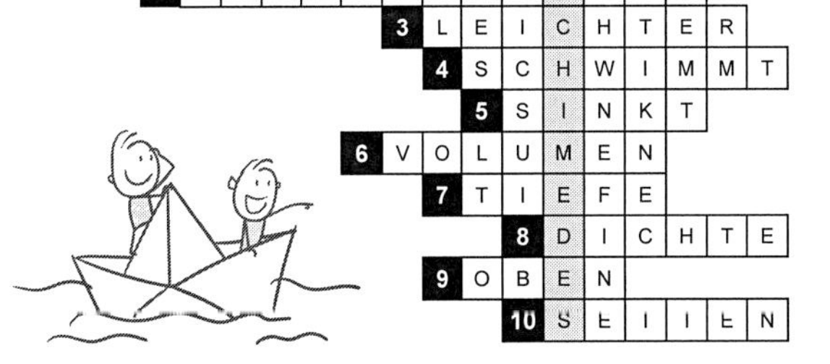

1) Der Druck, der in jeder Flüssigkeit herrscht, heißt Schweredruck oder auch ..... Druck.
2) Die Auftriebskraft wirkt der ..... entgegen.
3) Der Auftrieb ist dafür verantwortlich, dass Gegenstände im Wasser ..... erscheinen.
4) Ist die Auftriebskraft größer als die Gewichtskraft eines Körpers, so ..... der Körper.
5) Ist die Gewichtskraft größer als die Auftriebskraft, ... der Körper.
6) Die Auftriebskraft ist vom ..... und nicht von der Masse des eingetauchten Körpers abhängig..
7) Der Schweredruck nimmt mit der ..... zu.
8) Ein Körper sinkt weniger tief in eine Flüssigkeit ein, wenn ihre ..... größer ist. (Vergleiche z. B. Salzwasser und reines Wasser).
9) Der Auftrieb ist eine nach ..... gerichtete Kraft.
10) Der Druck breitet sich in einer Flüssigkeit nach allen ..... gleichmäßig aus.

23 Berühmte Schiffe

Von den Einbäumen und Flößen unserer vor- und frühgeschichtlichen Vorfahren bis zu den modernen Luxusdampfern und riesigen Öltankern unserer Zeit war es ein weiter Weg. Zu allen Zeiten aber setzten die Menschen Schiffe ein, um Personen oder Güter zu befördern.

Aufgabe: *Einige Schiffe sind sehr berühmt geworden. Vielleicht kennst du das eine oder andere aus Büchern und Filmen.*
Finde heraus, welche Schiffe hier gemeint sind.

So hieß die bekannte spanische Kriegsflotte die 1588 von Philipp II. gegen England ausgesandt wurde. Die Schlacht wurde verloren. Bei der Rückfahrt gingen weitere Schiffe durch Stürme zugrunde.	A R M A D A
Dieser angeblich unsinkbare, englische Luxusdampfer ging 1912 bei seiner Jungfernfahrt nach einem Zusammenstoß mit einem Eisberg unter. 1517 Menschen waren zu diesem Zeitpunkt auf dem Schiff.	T I T A N I C
Sie war das Flaggschiff von Christoph Kolumbus bei seinen Entdeckungsfahrten. Mit ihr entdeckte er 1492 Amerika.	S A N T A M A R I A
Captain James Cook unternahm auf ihr seine erste Weltumseglung und entdeckte dabei 1769 Neuseeland	E N D E A V O U R
Englisches Schiff, auf dem es 1789 zu einer bekannten Meuterei kam.	B O U N T Y
Dieser Tanker lief 1989 auf ein Riff in den Gewässern Alaskas auf und verlor dabei rund 42 Millionen Liter Öl. Das war die bis zu diesem Zeitpunkt größte Umweltkatastrophe auf See.	E X X O N V A L D E Z
Sie war das größte deutsche Kriegsschiff und wurde bei ihrer ersten Unternehmung 1941 vermutlich von Briten versenkt.	B I S M A R C K
Sie ist einer der größten Flugzeugträger der Welt. Auch ein bekanntes Raumschiff aus Film und Fernsehen heißt so.	E N T E R P R I S E

24 Vom Tauchen

Der schweizerische Tiefseeforscher Jacques Piccard erreichte 1970 mit dem Tauchboot "Trieste" in einem Tiefseegraben des westlichen Pazifik eine Tiefe von 10916 Metern.

Aufgabe: *Wie nennt sich dieser Tiefseegraben?*
Trage die Wörter in das Rätsel ein.
Die nummerierten Buchstaben ergeben das Lösungswort.

Lösungswort: M A R I A N E N G R A B E N (1 2 3 4 5 6 7 8 9 10 11 12 13 14)

		S	A	N	D	B	A	[8]N	K		P	
			[11]A		R						E	
			L		U			M	E	[13]E	R	
		S			C		D				L	
	B	A	[10]R		K	O	R	[2]A	L	L	E	N
		U			A		U					
		E		M	U	S	C	H	[7]E	L	N	
[5]A		[3]R			S		K					
U		S			[9]G		L		R	[4]I	F	F
F		T			L		U					L
T	R	O	M	[1]M	E	L	F	E	L	L		O
R		F			I		T			U		S
I		F	I	S	C	H				[14]N		S
E					H					G		E
[12]B	L	E	I				I	N	S	E	L	[6]N

AAL • BAR • BLEI • MEER • RIFF • LUNGE • FISCH • PERLE • INSELN • FLOSSEN • AUFTRIEB • MUSCHELN • SANDBANK • KORALLEN • DRUCKLUFT • SAUERSTOFF • TROMMELFELL • DRUCKAUSGLEICH

LÖSUNGEN

25 Alles logo mit dem Schall?

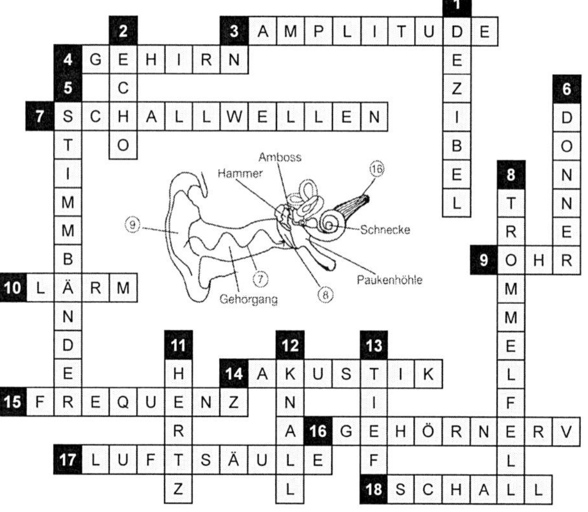

1) Einheit der Lautstärke.
2) Widerhall (z. B. in den Bergen).
3) Max. Auslenkung einer Schwingung. (Schwingungsweite)
4) Dort wird das Geräusch verarbeitet.
5) Schallerzeuger im Kehlkopf.
6) Schallereignis bei einem Gewitter.
7) Töne, Klänge und Geräusche breiten sich in Form von ..... aus.
8) Dieses elastische Häutchen im Ohr wird durch Töne in Schwingungen versetzt.
9) Hörorgan des Menschen.
10) Laute, unangenehm empfundene Geräusche.
11) Einheit der Frequenz.
12) Heftiges, kurzes Schallereignis.
13) Ein Ton der nicht hoch ist, ist .....
14) Lehre vom Schall.
15) Schwingungszahl.
16) Er leitet den Ton zum Gehirn.
17) Sie schwingt in Flöte und Orgelpfeife.
18) Im Vakuum breitet er sich nicht aus.

26 Musikinstrumente

Aufgabe: *a) Suche die Namen der sechzehn Musikinstrumente im Rätselgitter und trage sie zu den entsprechenden Abbildungen ein.*

b) Überlege, in welche Gruppen man sie einteilen kann, und kreise verwandte Musikintrumente in der gleichen Farbe ein.

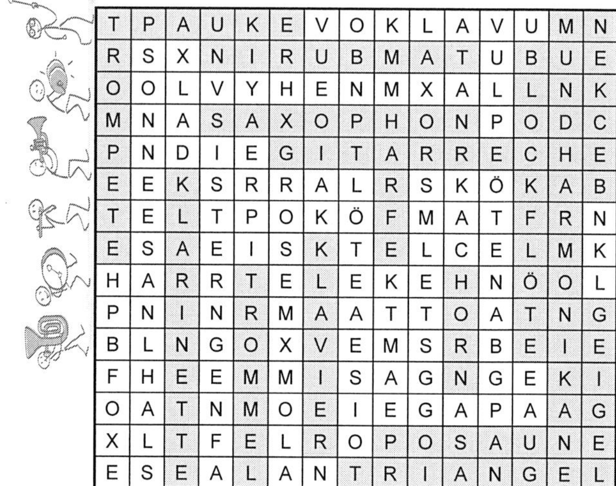

T	P	A	U	K	E	V	O	K	L	A	V	U	M	N
R	S	X	N	I	R	U	B	M	A	T	U	B	U	E
O	O	L	V	Y	H	E	N	M	X	A	L	L	N	K
M	N	A	S	A	X	O	P	H	O	N	P	O	D	C
P	N	D	I	E	G	I	T	A	R	R	E	C	H	E
E	E	K	S	R	R	A	L	R	S	K	Ö	K	A	B
T	E	L	T	P	O	K	Ö	F	M	A	T	F	R	N
E	S	A	E	I	S	K	T	E	L	C	E	L	M	K
H	A	R	R	T	E	L	E	K	E	H	N	Ö	O	L
P	N	I	N	R	M	A	A	T	T	O	A	T	N	G
B	L	N	G	O	X	V	E	M	S	R	B	E	I	E
F	H	E	E	M	M	I	S	A	G	N	G	E	K	I
O	A	T	N	M	O	E	I	E	G	A	P	A	A	G
X	L	T	F	E	L	R	O	P	O	S	A	U	N	E
E	S	E	A	L	A	N	T	R	I	A	N	G	E	L

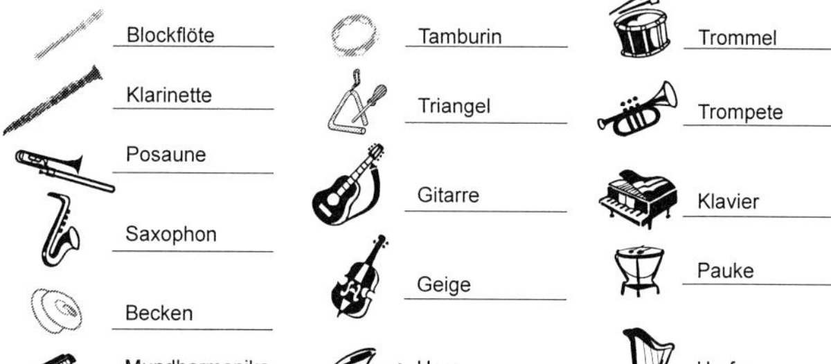

27 Lichtlein, Lichtlein, Spiegle Dich!

Wie gut kennst du dich mit Licht und Spiegeln aus?

Aufgabe: a) *Verbinde zusammengehörende Satzteile mit einer geraden Linie.*
Die Buchstaben, die nicht von einer Verbindungslinie durchzogen werden, ergeben das Lösungswort. Lies von oben nach unten.

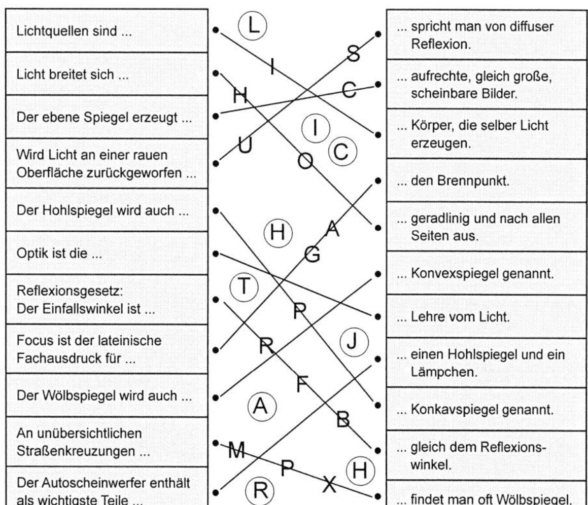

Lösungswort: L I C H T J A H R

b) *Was kannst du über diesen Begriff in deinem Physikbuch finden?*

Lichtjahr ist die Strecke, die das Licht im Vakuum in einem Jahr zurücklegt:

1 Lj = 9,4605 · 10^{12} km

28 Optische Geräte

Optische Geräte sind Anordnungen, mit deren Hilfe man Bilder von Gegenständen erzeugen kann. Sie enthalten als Hauptbestandteile meist Linsen, Prismen und Spiegel.

Aufgabe: *Finde heraus, wie die gesuchten Geräte hei*

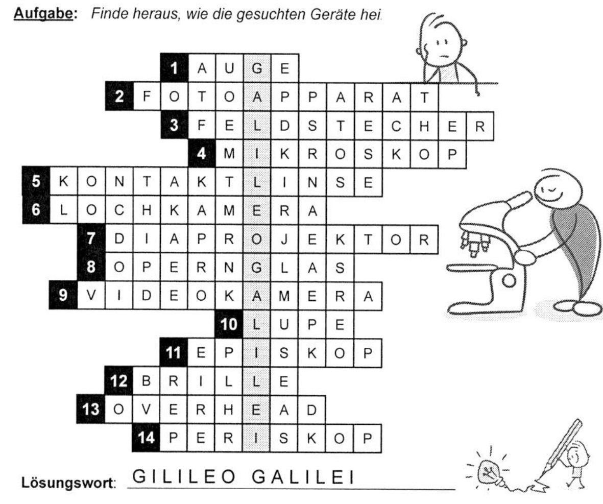

Lösungswort: GILILEO GALILEI

(Name eines berühmten Mathematikers und Physikers, der ab 1610 als Erster mit einem Fernrohr den Himmel erforschte. Dabei entdeckte er u. a., dass sich die Erde um sich selbst dreht und gleichzeitig die Sonne umkreist.)

1) Optisches Gerät des menschlichen Körpers.
2) Mit ihm kann man z. B. Urlaubserinnerungen auf Bildern festhalten.
3) Dem Jäger hilft er, Tiere genauer zu beobachten.
4) Mit ihm kann man sehr kleine Objekte stark vergrößern.
5) Sie wir auch Haftschale genannt.
6) Sehr einfaches optisches Gerät ohne Linsen.
7) Er projiziert durchsichtige Bildchen an die Wand.
8) Es wird im Theater gerne benutzt, damit man auch hinten gut sieht.
9) Sie speichert bewegte Bilder auf Magnetband.
10) Vergrößerungsglas.
11) Es projiziert Papierbilder an die Wand.
12) Sie sitzt auf der Nase und hilft bei Weit- oder Kurzsichtigkeit.
13) Ein ...projektor darf im Klassenzimmer nicht fehlen.
14) Optische Verbindung eines U-Bootes zur "Überwasserwelt".

Rätselblätter Physik ■ Kopiervorlagen für die Sekundarstufe ■ Bestell-Nr. 12 290
KOHL VERLAG

LÖSUNGEN

29 Das Auge - unser optisches Gerät

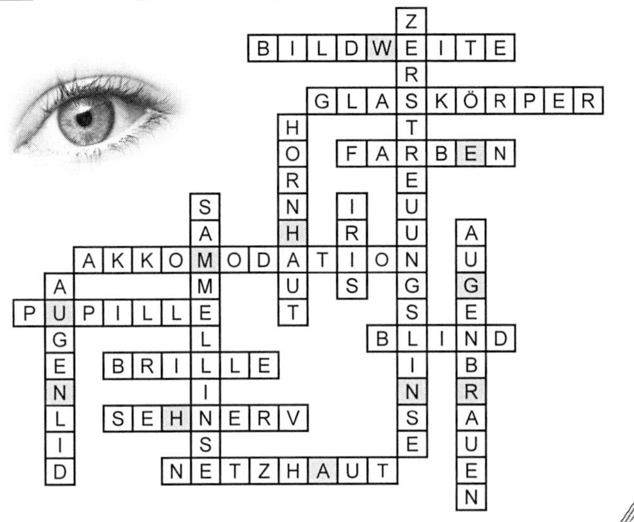

Lösungswort: WAHRNEHMUNG

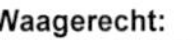

Waagerecht:

b) Abstand Linse – Netzhaut
c) Innenraum des Auges, mit einer durchsichtigen Flüssigkeit gefüllt.
e) Zäpfchen sind verantwortlich, dass wir sehen.
i) Anpassung der Linse an die Entfernung
k) Sie regelt den Lichteinfall
l) Menschen, die nicht sehen können, sind ...
m) Sehbehelf
n) Er übermittelt den optischen Reiz zum Gehirn.
o) Dort werden die Bilder erzeugt.

Senkrecht:

a) Korrektur für Kurzsichtigkeit.
d) Vorderstes Teil des Auges.
f) Welche Art von Linse ist in unserem Auge?
g) Regenbogenhaut.
h) Sie leiten den Schweiß von der Stirne auf die Seite.
j) Es schützt das Auge vor äußeren Einflüssen.

30 Ganz schön heiß . . .

Lösungswort: BRATKARTOFFELN

1) Die ... der Teilchen eines Stoffes ist abhängig von der Temperatur.
2) Messgerät für die Temperatur.
3) Sie dehnen sich bei Erwärmung stärker aus als Flüssigkeiten.
4) Sie [ρ] ändert sich mit der Temperatur.
5) Flüssigkeit im Thermometer.
6) 293 Kelvin = ... °C (Zahlwort).
7) Je schneller sich seine Teilchen bewegen, umso ... ist der Stoff.
8) Es gibt Flüssigkeitsthermometer, Gasthermometer und ...thermometer.
9) Die Temperatur - 273 °C ist der ... Nullpunkt.
10) Erhöhte Körpertemperatur.
11) Wärmeeinheit (wird noch in den USA und Großbritannien benutzt).
12) Wichtiger Punkt auf der Temperaturskala nach Celsius ist der ... des Wassers.
13) Wärmeeinheit in der Wissenschaft.
14) Kräfte, die der Bewegung der Teilchen entgegenwirken.

31 Verschiedene Temperaturen

Aufgabe: **a)** *Verbinde richtig!*
Die Buchstaben, die direkt auf den geraden Linien liegen, ergeben – von oben nach unten gelesen – das Lösungswort.

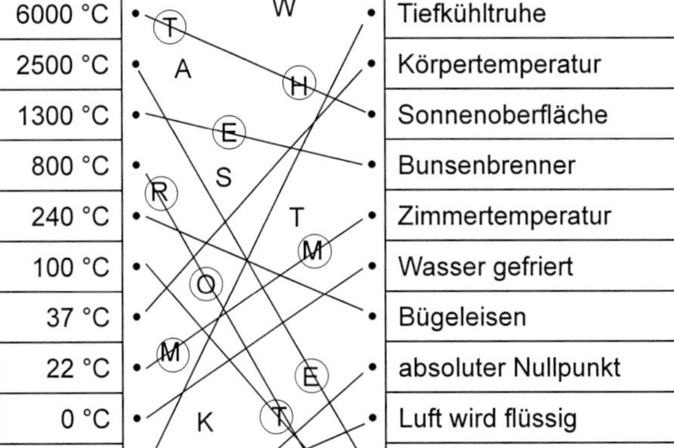

6000 °C	Tiefkühltruhe
2500 °C	Körpertemperatur
1300 °C	Sonnenoberfläche
800 °C	Bunsenbrenner
240 °C	Zimmertemperatur
100 °C	Wasser gefriert
37 °C	Bügeleisen
22 °C	absoluter Nullpunkt
0 °C	Luft wird flüssig
- 20 °C	Glühfaden (Glühlampe)
- 191 °C	Wasser siedet
- 273 °C	Streichholzflamme

Lösungswort: THERMOMETER

b) *Welche ..... kennst du?*

z. B. Zimmerthermometer, Fieberthermometer,
Außenthermometer, Badewannenthermometer,
Bimetallthermometer, Gasthermometer ...

32 Übergänge zwischen den Zustandsformen

Stoffe können in drei Aggregatzuständen auftreten: **fest, flüssig oder gasförmig**. Der Zustand eines Stoffes hängt u. a. von der Temperatur ab.

Aufgabe: *Wenn du die Bilderrätsel richtig löst, findest du die Namen für die Übergänge zwischen den drei Zustandsformen.*

Tipp: Geiche Symbole = gleiche Buchstaben!

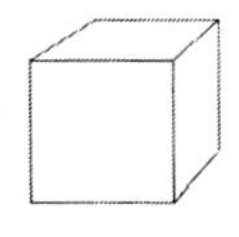

Gas

RESUBLIMIEREN

SUBLIMIEREN

VERDAMPFEN

KONDENSIEREN

ERSTARREN

SCHMELZEN

Feststoff

Flüssigkeit

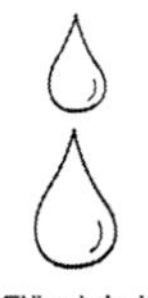

Rätselblätter Physik
Kopiervorlagen für die Sekundarstufe – Bestell-Nr. 12 290
KOHL VERLAG

LÖSUNGEN

33 Aggregatzustände

Aufgabe: *Schneide die Puzzleteile aus und klebe sie so aneinander, dass sinnvolle Sätze entstehen.*

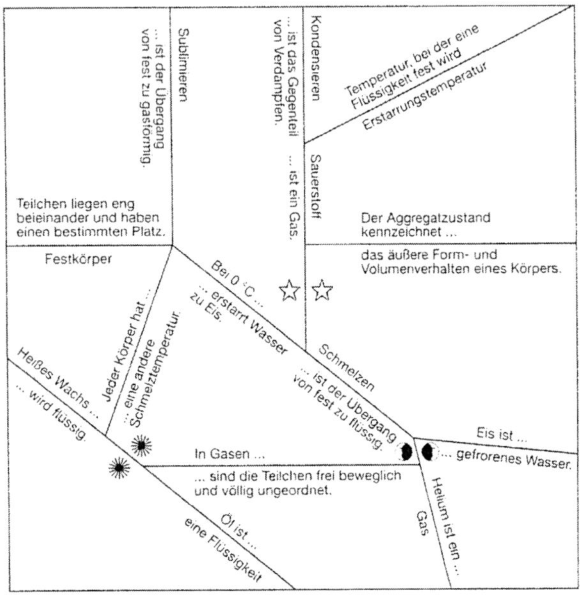

34 Wie wird wohl das Wetter?

..... das interessiert wohl jeden von uns!
Viele Wissenschaftler machen sich Gedanken darüber, wie das Wetter noch besser vorhergesagt werden kann. Das Wettergeschehen hängt von vielen Faktoren ab. Die Physik hat bereits eine ganze Menge darüber herausgefuden .....

Aufgabe: **a)** *Wie heißt die Wissenschaft, die sich mit dem Wettergeschehen beschäftigt?*

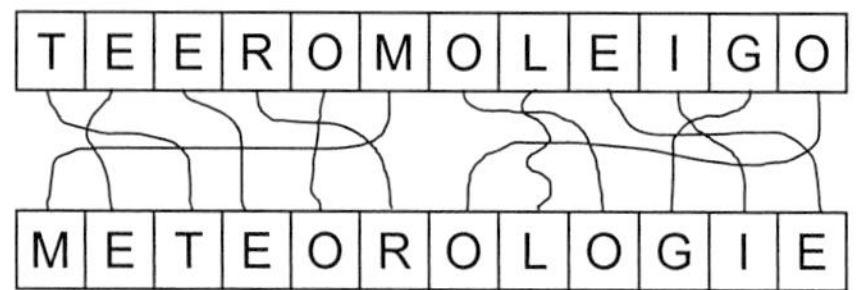

b) *Das Wettergeschehen spielt sich in der untersten Schicht der Atmosphäre ab. Wie heißt diese Schicht?*

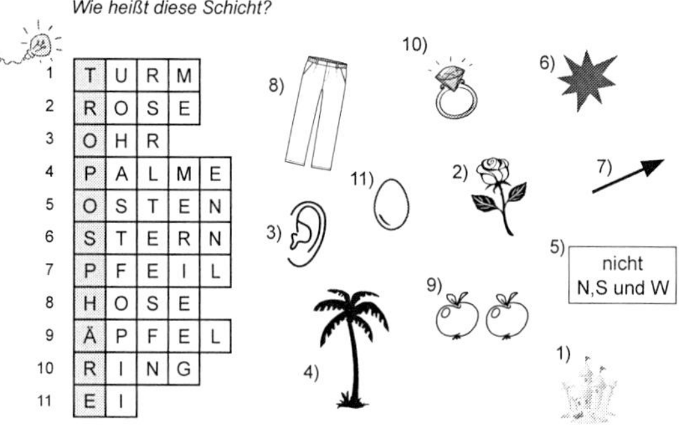

c) *Durch welche Faktoren wird das Wetter beeinflusst? Kreise die sechs Wetterelemente ein!*

35 Das Mikroskop

Ein Mikroskop ist ein Gerät, mit dem man Objekte stark vergrößert ansehen oder bildlich darstellen kann. Mikroskope sind ein wichtiges Hilfsmittel in der Biologie, Medizin und den Materialwissenschaften. Das erste Mikroskop baute zu Beginn des 17. Jahrhunderts der holländische Händler Zacharias Janssen.

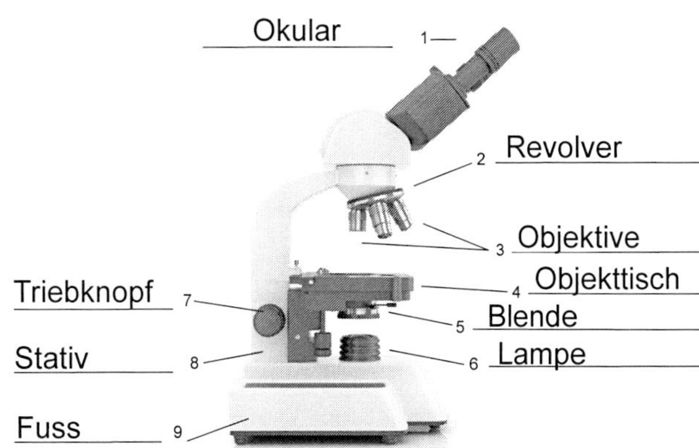

Aufgabe: *Suche im Suchgitter die 9 Begriffe und trage sie oben ein:*

F	P	L	J	Z	B	K	X	K	U	D	B	C	R	S
O	N	B	T	R	I	E	B	K	N	O	P	F	E	T
W	E	E	X	H	O	K	U	L	A	R	F	U	V	A
L	A	M	P	E	M	C	L	T	E	C	S	S	O	T
T	U	H	M	J	I	A	Q	J	F	N	T	S	L	I
O	B	J	E	K	T	T	I	S	C	H	D	I	V	V
T	Z	A	X	O	B	J	E	K	T	I	V	E	E	C
Z	X	Y	C	T	U	B	Q	R	P	K	V	W	R	Y

36 Atome

Atome sind äußerst kleine Teilchen, aus denen alle Stoffe aufgebaut sind.

a) *Man kann sich Atome so vorstellen:*

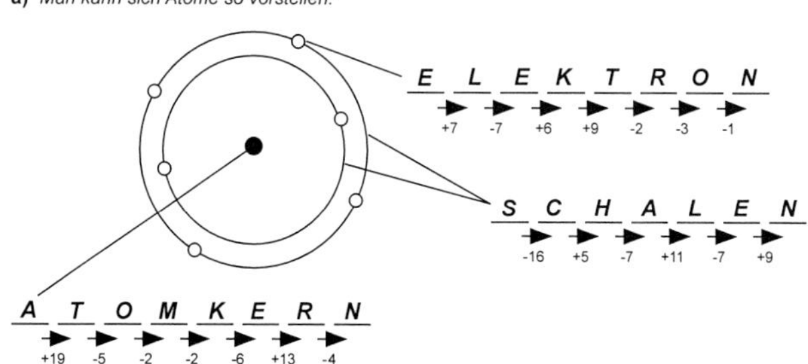

Es gibt verschiedene Arten von Atomen, die sich in Masse und Durchmesser unterscheiden.

b) *Stoff, der sich auf chemische Wege nicht weiter zerlegen lässt:*

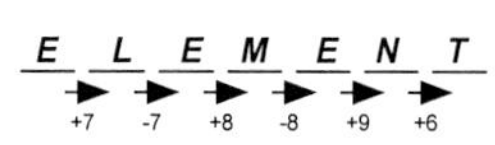

c) *Chemische Verbindung aus gleichartigen oder verschiedenartigen Atomen:*

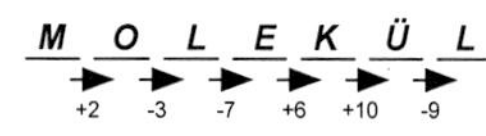

A B C D E F G H I J K L M N O P Q R S T U V W X Y Z

Die Pfeile geben an, wie viele Buchstaben du im Alphabet jeweils nach vorne (+) bzw. zurück (-) hüpfen musst.

LÖSUNGEN

37 Zwischen den Teilchen gibt es Kräfte

Von den kleinsten Teilchen, aus denen jeder Stoff besteht, hast du ja sicherlich schon einiges gehört. Vielleicht hast du dich auch schon gefragt, warum z. B. die Teilchen in einem Stück Tafelkreide nicht auseinander fallen und wieso kleine Kreidestückchen beim Schreiben auf der Tafel haften bleiben. Physiker haben entdeckt, dass es Kräfte zwischen den Teilchen gibt.

Aufgabe: *Wenn du jeweils den richtigen Aggregatzustand ankreuzt, findest du heraus, wie diese Kraft-Phänomene heißen. Das Lösungswort ergibt sich jeweils aus den angekreuzten Buchstaben.*

	fest ?	flüssig ?	gasförmig ?
Wasser	L	K	R
Kohle	O	I	E
Sauerstoff	H	N	H
Milch	E	Ä	L
Benzin	M	S	D
Holz	I	A	U
Erdgas	B	K	O
Cola	O	N	W

Zwischen den Teilchen **eines** Stoffes wirken Kräfte.

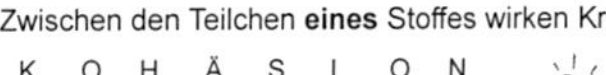

K O H Ä S I O N

	fest ?	flüssig ?	gasförmig ?
Alkohol	E	A	R
Silber	D	I	R
Helium	J	U	H
Kunststoff	Ä	Ö	H
Autoabgase	A	M	S
Eisen	I	U	K
Zitronensaft	V	O	T
Porzellan	N	X	Z

Zwischen den Teilchen **verschiedener** Stoffe wirken Kräfte.

A D H Ä S I O N

38 Strahlenschutz

Aufgabe: *Das Lösungswort nennt dir den Namen der Anlagen, in denen die gesteuerte Kernspaltung zur Gewinnung von Elektoenergie genutzt wird.*

1 R A D I O A K T I V I T Ä T
2 S I E V E R T
3 G E I G E R Z Ä H L E R
4 S T R A H L U N G
5 T S C H E R N O B Y L
6 B O D E N
7 U R A N
8 K R E B S
9 H A L B W E R T S Z E I T
10 K A L I U M J O D I D
11 S C H I L D D R Ü S E
12 F E N S T E R
13 W A R N U N G

Lösungswort: KERNREAKTOREN

1) Eigenschaft instabiler Atomkerne bestimmter chemischer Elemente, ohne äußere Einflüsse zu zerfallen, sich umzuwandeln und dabei bestimmte Strahlen auszusenden.
2) Einheit für die Strahlendosis, die von einem Körper aufgenommen wurde.
3) Gerät zum Nachweis radioaktiver Strahlen
4) Energie- oder Teilchenstrom, der von einer Quelle ausgesandt wird.
5) Ort des Reaktorunglückes 1986 in der Ukraine
6) Terrestrische Strahlung ist natürliche Strahlung aus dem .....
7) natürliches radioaktives Element mit der Odnungszahl 92
8) möglicher Spätschaden bei radioaktiver Verstrahlung (bösartige Veränderung von Zellen)
9) Jene Zeit, in der die Hälfte eines radioakiven Stoffes zerfallen ist.
10) Tabletten zum Schutz bei radioaktiver Verstrahlung.
11) besonders strahlungsempfindliches Organ in Kopfnähe
12) ..... und Türen sollten im Ernstfall sofort mit Klebeband abgedichtet werden.
13) 3 Minuten Daueralarm bedeutet ....

39 Planeten

Der Mittelpunkt unseres Sonnensystems ist die Sonne. Um sie herum kreisen Planeten und Asteroiden. Manche Planeten werden – wie die Erde – von Monden umkreist.

Aufgabe: *Finde heraus, wie die acht Planeten unseres Sonnensystems heißen.*

M E R K U R

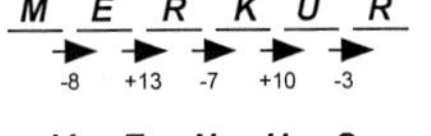

-8 +13 -7 +10 -3

Dieser Planet ist der Sonne am nächsten. Auf seiner Oberfläche ist es 350 °C heiß.

V E N U S

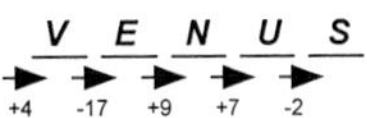

+4 -17 +9 +7 -2

Das ist – von der Erde aus gesehen – der hellste Planet. Er ist auch mit bloßem Auge zu sehen.

E R D E

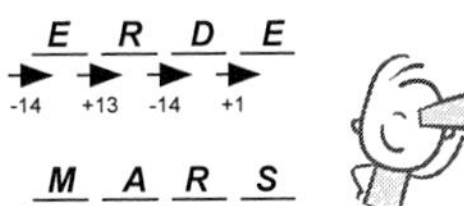

-14 +13 -14 +1

Nach derzeitigem Forschungsstand der einzige Planet, auf dem sich Leben befindet.

M A R S

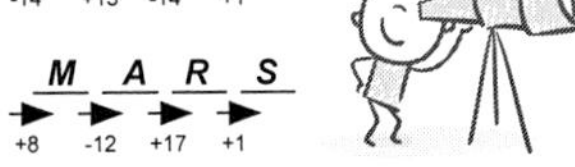

+8 -12 +17 +1

Dieser Planet gibt "grünen Männchen" seinen Namen und hat die tiefsten Gräben.

J U P I T E R

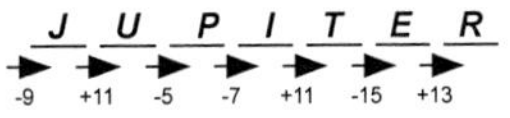

-9 +11 -5 -7 +11 -15 +13

Er dreht sich am schnellsten um sich selbst. Ein Tag dauert hier nur zehn Erdenstunden.

S A T U R N

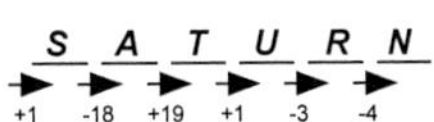

+1 -18 +19 +1 -3 -4

Er ist der schönste. Er hat einen Ring aus Eiskörnern, welcher Sonnenlicht wie ein Spiegel reflektiert.

U R A N U S

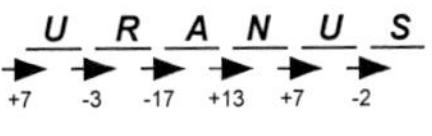

+7 -3 -17 +13 +7 -2

Auch dieser Planet hat Ringe, diese sind aber dunkel.

N E P T U N

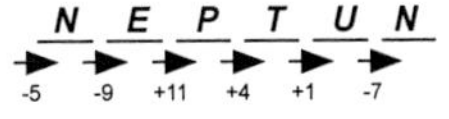

-5 -9 +11 +4 +1 -7

Auf ihm könnte ein Mensch nie alle Jahreszeiten erleben, denn für eine Umdrehung um die Sonne braucht er ca. 165 Erdenjahre.

A B C D E F G H I J K L M N O P Q R S T U V W X Y Z

Die Pfeile geben an, wie viele Buchstaben du im Alphabet jeweils nach vorne (+) bzw. zurück (-) hüpfen musst.

40 Über den Mond

Fast jede Nacht, wenn der Himmel wolkenlos ist, sehen wir ihn. Was weißt du eigentlich über diesen Begleiter der Erde?

1. Der Mond ist hell und für uns sichtbar, weil ...	er selber leuchtet	A	ihn die Sonne anstrahlt	N	es dort dauern brennt	U
2. Der Mond kreist um die Erde in ...	27,3 Tagen	E	365 Tagen	L	24 Stunden	D
3. Von der Erde aus sehen wir ... die gleiche Seite des Mondes.	alle 7 Tage	E	immer	I	einmal im Jahr	O
4. Die uns zugewandte Seite des Mondes wir dann nicht von der Sonne beleuchtet.	Nixmond	X	Dunkel-kammer	N	Neumond	L
5. Der voll beleuchtete Mond heißt ...	Ganzmond	E	Vollmond	A	Mondlicht	U
6. Die großen dunklen Becken auf dem Mond heißen ...	Seen	U	Meere	R	Lacken	T
7. Der Mond ist im Vergleich zur Erde ...	kleiner	M	gleich groß	H	größer	I
8. Durch die Anziehugskraft des Mondes entstehen die Gezeiten. Sie heißen ...	Hebe und Gut	A	Ebbe und Flut	S	Nebel und Glut	V
9. Wenn der Mond in den Erdschatten tritt, sieht man ihn nicht mehr. Das ist die ...	Sonnen-finsternis	M	Erdfinsternis	I	Mondfinsternis	T
10. Wasser ist auf dem Mond ..	reichlich vorhanden	K	gar nicht vorhanden	R	als Eis vorhanden	L
11. Der erste Astronaut auf dem Mond war ...	Russe	A	Schwede	S	Amerikaner	O
12. Auf dem Mond gibt es keine Luft, in der sich Schall ausbreiten könnte, daher ist es auf dem Mond ...	still	N	geruchlos	I	finster	B
13. Der Mond heißt auf lateinisch ...	Bella	T	Terra	K	Luna	G

Aufgabe: *Wenn du jeweils die richtige Antwort angekreuzt hast, erhältst du als Lösungswort den Namen des Mannes, der als erster seinen Fuß auf den Mond gesetzt hat.*

Lösungswort: NEIL ARMSTRONG

Rätselblätter Physik
Kopiervorlagen für die Sekundarstufe – Bestell-Nr. 12 290
KOHL VERLAG

41 Jahr und Tag

D	R	E	I	E	S	O	D	E	N	N	E

Aufgaben:

a) *In einem Jahr umkreist die* E R D E D I E S O N N E, *genauer gesagt in 365,25 Tagen.*

Um den Unterschied zum Kalenderjahr von 365 Tagen auszugleichen, kommt alle vier Jahre ein zusätzlicher Tag (Schalttag) dazu. In einem Schaltjahr hat der Februar 29 statt 28 Tage.

b) Erde und Mond bewegen sich um die Sonne. Gleichzeitig wandert der Mond auch um die Erde herum. Dazu benötigt er 27,3 Tage. Der Rhythmus von Neumond zu Neumond (29,5 Tage) ist Grundlage für unsere zwölf Monate.

Findest du alle Monate?

A	U	G	U	S	T	T	J	G	T	J
H	E	R	B	S	Z	M	Ä	R	Z	A
S	O	M	M	A	D	E	N	O	A	N
J	H	B	L	A	Z	R	N	K	B	U
U	M	I	O	P	H	V	E	T	E	A
L	F	E	B	R	U	A	R	O	N	R
I	F	R	E	I	Z	E	I	B	D	N
T	A	G	E	L	Z	U	H	E	S	G
S	E	P	T	E	M	B	E	R	O	O
W	I	N	T	T	T	E	R	U	M	J
G	N	O	V	E	M	B	E	R	M	U
D	E	Z	E	M	B	E	R	M	I	N
T	A	G	E	S	T	Z	F	M	A	I

JANUAR
FEBRUAR
MÄRZ
APRIL
MAI
JUNI
JULI
AUGUST
SEPTEMBER
OKTOBER
NOVEMBER
DEZEMBER

c) *Die Erde dreht sich in* 24 *Stunden 1-mal um die eigene Achse.*

Sie wird immer nur auf einer Seite von der Sonne beleuchtet.
Auf dieser Seite ist dann Tag, auf der anderen Nacht.

Male alle Felder mit Punkt an.

42 Raumfahrt

Bemannte und unbemannte Raumfahrten haben der Menschheit viele wissenschafliche Erkenntnisse über den Weltraum und die Planeten eingebracht. Raumfahrten können aber auch für Klimastudien und Untersuchungen von Umwelteinflüssen unternommen werden. Auch für Kommunikation und Navigation (Satellitentechnologie) ist die Raumfart von großer Bedeutung. Viele Werkstoffe und technische Verfahren, die speziell für die Raumfahrt entwickelt worden sind, leisten später oft auch auf der Erde gute Dienste (z. B. einige elektronische Bauteile, Medikamente und hitzebeständige Kunststoffe). Auch die militärische Nutzung der Raumfahrt ist nicht zu vergessen.

Hier findest du einen kurzen geschichtlichen Überblick über die Raumfahrt. Er ist etwas durcheinander geraten.

Aufgabe: *Schneide die einzelnen Streifen aus und klebe sie in der richtigen Reihenfolge zusamen. Wie lautet das Lösungswort?*

SCHWERELOSIGKEIT

S C H	1957 startet der erste Satellit ins All. Das erste Lebewesen in der Erdumlaufbahn ist die Hündin Laika.
W	Der Russe Juri Gagarin ist 1961 der erste Mensch im All.
E	1962 umkreist John Glenn als erster Amerikaner die Erde.
R	Die erste bemannte Mondlandung findet 1969 mit der Apollo 11 statt. Die Astronauten Neil Armstrong und Edwin Aldrin bringen Mondgestein mit.
E	1971 landet die „Mars 3" auf dem Mars.
L	„Skylab" ist die erste bemannte amerikanische Raumstation (1973).
O	1977 beginnen „Voyager 1" und „2" ihre Reise zu den äußeren Planeten.
S	Neue Monde und die Ringe um den Saturn werden 1979 entdeckt.
I	Die sowjetische Raumstation „Mir" (Friede) wird 1986 in Betrieb genommen. Bis zu ihrer Außerbetriebnahme 2001 war sie ständig besetzt.
G	Das Weltraumteleskop „Hubble" wird 1990 in 595 km Höhe auf der Erdumlaufbahn platziert.
K	„Pathfinder-Mission" der NASA 1997: Die Marsoberfläche wird von einem Fahrzeug untersucht und fotografiert.
E	1999 scheitern zwei milliardenteure Marsmissionen wegen Berechnungsfehlern. (Man verwechselte Meilen mit Kilometern.)
I	Mittels Radar-Technologie wird im Jahr 2000 die Erdoberfläche untersucht, die genaueste digitale dreidimensionale Karte der Erde wird erstellt.
T	2001 reist der erste Weltraumtourist ins All.